内蒙古工业大学　山东建筑大学　烟台大学　北方工业大学

# 济南市商埠风貌核心区保护与更新城市设计：
# 2016北方四校联合城市设计

郝占国　杨春虹　范桂芳　编著

中国建筑工业出版社

图书在版编目（CIP）数据

济南市商埠风貌核心区保护与更新城市设计：2016北方四校联合城市设计 / 郝占国，杨春虹，范桂芳编著 .—北京：中国建筑工业出版社，2021.6
ISBN 978-7-112-25749-2

Ⅰ.①济…　Ⅱ.①郝…②杨…③范…　Ⅲ.①城市规划—建筑设计—作品集—济南—现代　Ⅳ.①TU984.252.1

中国版本图书馆 CIP 数据核字（2020）第 256181 号

责任编辑：刘　静　徐　冉
责任校对：芦欣甜

济南市商埠风貌核心区保护与更新城市设计：
2016 北方四校联合城市设计
郝占国　杨春虹　范桂芳　编著
\*
中国建筑工业出版社出版、发行（北京海淀三里河路 9 号）
各地新华书店、建筑书店经销
北京雅盈中佳图文设计公司制版
临西县阅读时光印刷有限公司印刷
\*
开本：850 毫米 ×1168 毫米　横 1/16　印张：9 1/2　字数：272 千字
2021 年 5 月第一版　2021 年 5 月第一次印刷
定价：**128.00** 元
ISBN 978-7-112-25749-2
（35098）

# 卷首语

　　本次四校联合城市设计以"济南市商埠风貌核心区保护与更新城市设计"为研究对象，借以探讨如何在当前城市的快速发展中延续历史文化街区的传统风貌和人文价值，并为其自我更新注入新的活力。设计一方面注重从整体出发考虑街区空间形态与建筑群体关系的整合，另一方面又对涉及的土地利用、功能定位、人车交通、开放空间、遗产保护、行为活动等多方面城市设计要素展开深入研究，使学生得到全面的城市设计研究能力的锻炼。

　　对于学生，题目的难点：一是设计研究对象从建筑转向城市，对于形态的整体把控能力不足；二是在相关的理论学习中存在一定的理解难度；三是综合解决地块功能定位等城市问题的经验和方法不足。

　　因此，在教学过程中，一是通过对相关理论的重点学习，使学生对城市设计的概念、基本理论、方法及过程有初步的理解，建立起城市整体观念，提高城市设计的理论水平；二是进一步结合设计实践，掌握城市设计的基本内容、方法和工作程序，锻炼城市设计实践技巧，提高对城市场所功能和空间环境问题的分析与解决能力，以整体观念和群体意识去解决复杂城市环境条件下的建筑问题，为接续城市综合体建筑设计的学习奠定基础。

# 目录

CONTENTS

时间轴

## 1 开题——山东济南

2016年9月5日，在山东济南，四校师生再度聚首，开始了第二届北方四校联合城市设计。山东建筑大学任震副院长带来了精彩的开题报告，本次城市设计的题目是"济南市商埠风貌核心区历史街区的保护与更新城市设计"。较之第一届的北京首钢主题，此次设计由于是位于充满历史文化积淀的老街区，综合性更高，现状更为复杂，对同学们提出了更高的要求。

## 2 前期调研——山东济南

初秋的热浪阻挡不了大家的热情，几天的调研让学生们了解到的不仅仅是商埠区的建筑风貌现状，更多的是百年以来济南历史的积淀。"这样的历史风貌核心区，如何去改造与更新呢？"在调研后，这个疑问慢慢地有了解决的方向。

## 3 初期汇报——山东济南

经过几天忙碌的准备，成果在初期汇报阶段得到了显著的体现。每个学校汇报的侧重点都有所不同，让学生在初期就对设计的中心思想有了更深的认识。山东建筑大学作为此次联合设计的东道主，其设计成果全面而翔实；烟台大学注重对于数据的挖掘；北方工业大学虽然只有一个组，但是成果体现出感性的方面；内蒙古工业大学更加注重资料的系统性和更优化的表达方式。百家争鸣，各具特色。

## 4 中期汇报——内蒙古呼和浩特

经过 20 天的研究与积淀，四校师生在草原青城呼和浩特再度聚首。此时的草原已经是深秋，但是研讨与辩论声依旧热火朝天；学术的研讨，求真求实，思想的碰撞，火花频现。到了中期阶段，每个学校的每个小组基本都拿出了较为完整的方案及深化的策略。在这么短的时间能够对城市设计这样的全新课题有如此深入的理解与认知，各校师生都付出了极大的努力，也取得了可喜的成果。

## 5 最终汇报——北京

不觉已是初冬，短短两个月的四校联合城市设计已经到了尾声。学生们拿出的成果令人振奋。山东建筑大学的内容丰富，分析全面；烟台大学的理论支撑有力，分析透彻；北方工业大学则做出了一整套详细的修规控规，专业程度令人赞叹；内蒙古工业大学则延续了以往思路新颖、表现力强的特点，成果丰富。至此本次北方四校联合城市设计圆满结束。各校百家争鸣，教学相长，收获颇丰。

# 城市设计任务书

## 一、设计题目：济南市商埠风貌核心区保护与更新城市设计

教学年级：建筑学四年级上学期

教学时间：2016年9月~11月

## 二、教学目的与要求

### 1. 教学目的

（1）通过城市设计理论学习，使学生了解城市设计的基本概念、城市空间要素与设计基本内容，树立全面、整体的城市设计观念，提高城市设计理论水平；

（2）通过城市设计实践，掌握城市设计的基本内容、方法和工作程序，训练城市设计调研分析与设计实践技巧，提高分析、解决城市场所问题的能力和城市空间设计能力；

（3）通过济南商埠风貌核心区保护与更新城市设计，探讨城市历史街区保护更新课题中的关键问题与解决途径。

### 2. 教学要求

要求掌握的内容具体通过理论学习+过程指导来完成。

（1）理论授课

在课程开始阶段和过程中进行系统完整的城市设计理论授课，重点讲授城市设计的基本概念，研究基本要素，分析解决实际问题的方法与流程，结合中外城市设计经典案例进行分析，包括城市历史街区保护更新设计的典型案例分析。

（2）设计过程指导

使学生掌握科学的城市设计调研分析方法和技艺。对项目背景、环境进行全面深入的调查，并作出客观评价。收集现状资料，对调查资料数据进行整理分析、归纳总结，发现问题，思考解决问题的途径，形成调研成果。

掌握城市设计构思方法。在实地调研基础上，对环境现状问题进行综合分析研究，提出基本设计理念和策略，通过分析图、设计草图与工作模型进行多方案构思与比较。

城市空间要素设计。在构思基础上，对设计地块的土地利用、功能定位、交通组织、空间结构、建筑形态、开放空间、城市景观等方面展开各层面设计。

着重城市空间设计能力。训练从城市整体视角考虑城市空间形态、建筑群体关系的整合，注重城市开放空间设计，把握好街道与院落空间尺度，理解城市设计中建筑个体、群体与城市环境的整体关系，并对建筑个体和群体做出合理的布局和设计，注重外部空间设计，做好场地设计。

注重对城市地域特征的分析和提炼，增强对城市文化的认知能力，探讨在城市发展中延续历史街区空间肌理和历史风貌的方法，并为其注入新的内涵。

掌握城市设计各阶段成果的表达方法，提高综合运用文字、图形、计算机辅助绘图等手段表达设计思想的能力，清晰、全面、熟练、规范地表达设计内容。

（3）成果评价

对课程中各阶段的成果进行总结与评价，包括三个阶段性成果的集中汇报、点评与答辩，达到相互交流、设计总结、成果检验的目的。

## 三、商埠区概况与设计范围

### 1. 商埠区概况

1904年胶济铁路开通，清政府在济南自主开埠，在城西门外、胶济铁路以南规划建设商埠区，创造了近代中国内陆城市对外开放的先河，并极大地促进了当时济南的社会发展及城市化进程。从自开商埠到今天的历史重塑，济南老商埠区凝聚着太多商业、文化、老字号留下的历史记号，见证了济南的城市发展和革新。商埠区自开始设立就引入了现代城市规划布局、经营管理的理念。街区采用了南北向和东西向道路相垂直的棋盘式道路网格局，根据交通条件、建筑功能和商业市场需要，以及朝向划分街坊大小，形成规整的小尺度路网和人性化尺度的街巷肌理，街区路网考虑了与旧城区及对外交通的衔接。商埠区中西文化的交汇融合，形成了具有浓厚历史文化、良好商业氛围、宜人步行尺度的街区特色和中西融合的建筑风貌。

然而，随着社会、经济、文化的发展，商埠区出现功能不齐备、结构不合理、风貌

破坏严重、活力下降等问题，其生存和发展面临严峻挑战。面对新的历史时期、发展机遇和环境条件，怎样重新激活古老商埠的经济中心功能，焕发并保持其长盛不衰的经济活力？怎样正确对待历史文化遗产，妥善处理保护和利用的矛盾？未来商埠区将以怎样的面貌及形象示人？商埠地区更新发展应走怎样的路子和采用怎样的方法措施？这些都是木课题需要认真思考和解决的问题。

商埠区的范围大致为：北至胶济铁路，西至纬十二路，南至经七路，东至顺河街，总面积约6平方公里。其中纬二路以西、纬六路以东的地区，集中了外国领事馆、洋行、银号、公司、商号、商场、教堂、影剧院、娱乐场、饭店、旅馆等，成为当时济南市的经济繁华中心。

商埠片区道路沿东、西、南、北正交布置，呈方格网状。如今，经一路、纬二路、经七路、纬十二路属城市一级主干路，经四路、纬六路属城市二级主干路，其他道路属城市次干路或支路。

### 2. 设计范围与基地条件

本次城市设计研究地块位于商埠区核心片区，设计研究范围东起纬二路，西至纬六路，北起经一路，南至经四路，片区总面积约72公顷。该片区是老商埠最具代表性的区域，内有多处国家、省、市重点保护文物，北邻火车站、天桥，西接西市场商圈，南邻大观园商业街区，东接万达广场、绿地中心新商业街区及泉城路商业街。从该片区经天桥和纬六路跨铁路桥可与城区北部相接，沿经四路、经二路向东与老城区相连，交通便利，地理位置优越。

## 四、任务要求

设计工作以小组形式进行，每四人一组。

通过对济南商埠区风貌核心区的城市设计，借以探讨如何在城市的快速发展中延续商埠区传统空间肌理和为其自我更新注入新的活力；除加深城市设计中有关老城保护与更新的内容以外，设计还着重于训练从城市整体角度出发考虑城市空间形态、建筑群体关系的整合及功能的定位，以及土地利用、功能分区、人车交通、城市景观、建筑形态等多方面要求，得到对复杂城市地块城市设计处理能力的锻炼。

### 1. 调研工作内容

商埠区发展的历史沿革；

绘制现状空间结构简图；

片区内建筑质量与历史风貌评价；

片区空间特征与建筑形态元素的提炼；

对片区发展有影响的周边要素分析；

对现状内存在问题的梳理、分析；

对国内外相关案例资料的收集；

提出初步的设计目标和构思意向。

### 2. 设计工作内容

对于设计研究地块，分析其区位、街区现状与周围环境，明确保护与更新设计思路，考虑片区整体功能定位、人口构成与行为规律、街区空间结构、重要节点与公共空间设置、道路系统、景观系统、建筑容量及高度控制、历史建筑保护利用等，进行相关的城市要素研究与设计。

各组根据各自的设计研究，在研究地块内选定一地段范围进行详细设计，面积规模约为15~20公顷，可以是街道围合的块状地段，也可以是沿街区道路的带状地段与街坊结合的不规则用地。在上位设计研究的基础上，深入分析该地段在街区中的定位、具体功能需求、建筑体量、空间形态，确定该地块规划指标，进行地块总体设计，包括总平面布局、建筑群体组合、街道与院落空间、沿街立面、场地设计等，合理利用地下空间。

### 3. 设计要求

（1）合理定位，满足城市功能需求。在尊重街区原有功能特色的基础上，营造富有地域特色的居住、办公、商业、餐饮、文创产业等功能场所，激发街区活力。

（2）尊重原有街巷格局和传统风貌，保护与更新相结合。合理控制建筑容量与高度，把握街巷、院落尺度，塑造特色街区空间，建筑形式与色彩体现商埠区传统风格，延续历史文脉又富现代特色。

（3）积极探索商埠区复兴与发展的有效途径，以赋予其新的文化内涵并为其注入新的发展活力。

（4）地块容积率、建筑密度、建筑间距、日照标准、建筑退线、建筑高度、停车位等技术指标，参照《济南市城乡规划管理技术规定》《济南历史文化名城保护规划》等相关规定执行。对用地内部文物的保护及利用须满足相关部门的文物保护要求。

**设计进度表**

| 周次 | 日期 | 主要工作内容 | 成果内容形式 | 备注 |
|---|---|---|---|---|
| 1 | 8.29~9.2 | 讲解设计课题和课程安排；<br>城市设计概论及调研方法授课；<br>任务解读，收集资料 | | |
| 2 | 9.5~9.8 | 实地调研，思考并提取核心设计问题；<br>交流、答疑，完成调研分析报告；<br>在基地内思考、选择详细设计地段 | 文字、数据、图片、资料、笔记、分析草图等 | 四校集中 |
| | 9.9 | 调研分析成果集中汇报 | 调研报告 PPT | |
| 3 | 9.12~9.16 | 课题深入分析研究，提出基本设计理念和总体构思策略；<br>确定详细设计地段范围与设计目标；<br>通过草图进行多方案构思比较 | 构思草图 | |
| 4 | 9.19~9.23 | 设计研究地块城市要素各层面设计，绘制总体及各系统分析图、设计草图；<br>详细设计地块的初步方案，提出总平面和体块的草图、工作模型 | 设计草图、分析图、总平面草图、工作模型 | |
| 5~6<br>（含国庆假期） | 9.26~10.7 | 完善设计研究地块各层面设计，形成较成熟的整体设计思路；<br>确定详细设计地块的总图框架，形成较明确的空间形体、体块模型 | 较明确的构思设计图、分析图、总平面图、体块模型 | 10 月 8 日前完成中期成果 |
| 7 | 10.10 | 城市设计中期成果集中汇报 | PPT+CAD 总平面 + 体块模型 | 四校集中 |
| | 10.11~10.14 | 城市设计专题、构思表达方法授课及典型案例分析；<br>整体方案调整与深化，着重城市空间设计 | 分析图、总平图、SU 模型 | |
| 8 | 10.17~10.21 | 深化城市空间要素各层面设计，着重建筑群体整合与形体设计，贯彻整体设计思路，控制主要技术指标 | 分析图、CAD 总平图、SU 模型 | |
| 9 | 10.24~10.28 | 街区重点地段深入设计，街道院落空间深入推敲，塑造特色空间 | CAD 总平图、SU 模型；<br>重点地段深化图、街道沿街立面图、城市空间剖面图 | |
| 10 | 10.31~11.4 | 深化城市空间设计、建筑形体与场地设计、城市景观与环境设施设计 | CAD 总平图、SU 模型；<br>重点地段建筑立面、街道院落剖面图 | |
| 11 | 11.7~11.10 | 深化设计表达，完成全部设计图纸、说明及成果模型 | 说明、分析图、透视图、CAD 总平面图、成果模型 | 11 月 10 日前完成最终成果 |
| | 11.12 | 城市设计最终成果集中评审 | PPT+A1 图纸 + 模型 | 四校集中 |

# 内蒙古工业大学

一组：王锡铭　李　爽　高　颖　白　瑄

二组：张新雨　徐晓曼　秦　璐　李留臣

三组：韩云婧　孙　书　赵　琦　杨景涛

四组：胥　艺　娜仁呼　赵婉莹　邢　源

指导教师：范桂芳　郝占国　杨春虹

# 联合城市设计
## 开放街区 Ⅰ

作为我国自主开埠的典范，老商埠区是济南兼容并蓄、繁荣开放的象征。而它现在却面临着闭塞、衰落、街区活力下降等种种问题……

在邻里空间向密集型发展的今天，未来城市的出路就是要鼓励多样性、独特性，甚至是矛盾性，接受时间流逝过程中发生的演变，调节不断变化和进步的发展过程，求大同，存小异。

尊重历史，包容开放，既是商埠区的历史，也会是它的现在，更会是它辉煌的未来。

### 基地概况

### 商埠历史

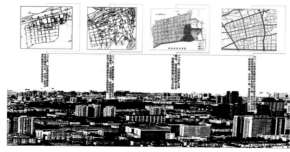

### 商埠现状

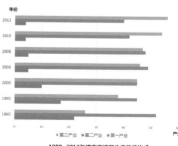

1980~2012年济南商埠区生产总值构成

### 关于开放街区

**克里斯蒂安·德·包赞巴克**

"开放街区"的最大特点就是各自独树一帜的单体建筑，自成一派。这种单体建筑的设计首先有利于住宅、街区中心和街道。它还提供了视觉缺口，便于阳光、自然光线和空气的进入。这使人们脱离了黑暗幽闭的室内庭院和走廊式的街道。每间公寓都有三面朝向，可以获得各不相同的、或远或近的视野。

一方面，从体量角度上，关系到光线和流动因素，楼体中间的空间、庭院、实体、街道、居住区面积；另一方面，从美学角度上，关系到多样性、未来和未知的建筑变化。两者双管齐下，确保"开放街区"项目设计的开放性。开放街区鼓励文化融合，避免或调和今天新社区典型的单功能性。

**开放空间**

**开放空间辐射范围**

**理想居住区模型**

### 改造细节

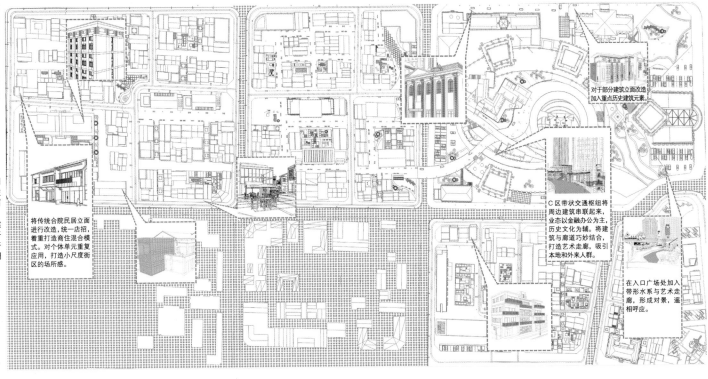

将传统合院民居立面进行改造，统一店招，着重打造商住混合模式。对个体单元重复应用，打造小尺度街区的场所性。

对于部分建筑立面改造加入重点历史建筑元素。

C区带状交通枢纽将周边建筑串联起来，业态以金融办公为主，历史文化为辅。将建筑与廊道巧妙结合，打造艺术走廊，吸引本地和外来人群。

在入口广场处加入带形水系与艺术走廊，形成对景，遥相呼应。

### 基本单元改造

对临时建筑进行拆除、梳理，整理出院落感

对不完整的院落进行加建，回归传统院落生活

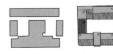

对属性混乱的建筑群进行重组，使新旧延续

对部分有交错的建筑整合，使其更加规整

### 面临问题总结

I 开区现场建设缺少整体概念，历史建筑混乱，破坏了整个街区肌理，导致无线风貌乱，缺乏整体形象。

II 开放空间纳包括广场、绿地、水岸等公交网缺失，使人行之间缺乏交流，对人的关怀缺少。

III 网格的结果方式没达形不清晰，界外建设则是自由自发行状态，导致了区内碎乱，区外混乱的空间形态。

IV 大型用地建筑类的功能布局为进一步重要，停车流量和停车量的较大矛盾，对周边道路造成或较大交通压力。

V 交通设施建设的缺少和导管的不合理，致使该地区人车混乱，交通混乱，严重影响了商业活动的正常进行。

VI 与民道网系统处于道路网系统理基后产生断矛盾，加重了道交通难院的，阻碍了商区内街道道北周边地区的有机联系。

VII 人行道辅装缺失严重，破损石不整齐。

VIII 历史建筑改造的项目全单，缺乏地域辨识认，整合困难，更加体现历史特征的建筑特色，造成建筑安全和历史风貌的双重缺失。

IX 建筑失去了使用者的照看和养护，结构出现了线纹不规律，易显可危。

X 商业建筑越来越少，住宅街道相应的大量出现，在历史文化保护区内区民最缺乏最日常少见的生活配套安装。

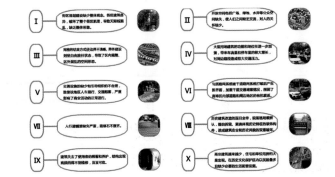

创新街区的未来市场及人们的认知度

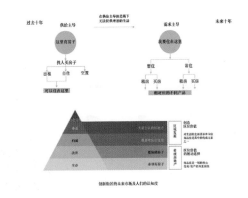

## 关于开放街区

开放街区背后的理念是赋予建筑师以真正的自由。其架构的美学系统是一次冒险。我们并没有规定各种限制因素和禁止条件，而是以开放的心态对待多种可能性。这种方法能够更加行之有效地激发创造力，有所取舍地选择形式和材料来设计整体体量，比在两面界墙中创建一个立面更加有趣和鼓舞人心。

当然，建筑师并不是总能很好地发挥，多种多样、良莠不齐的建筑是让所有城市规划师都头疼的问题。但是要敢于将这种极端的多样化看作一种优势，并且承认任何社区里都不可能只有堪称杰作的建筑作品。我们必须接受寻常的建筑，一些出类拔萃的建筑就会随之出现。

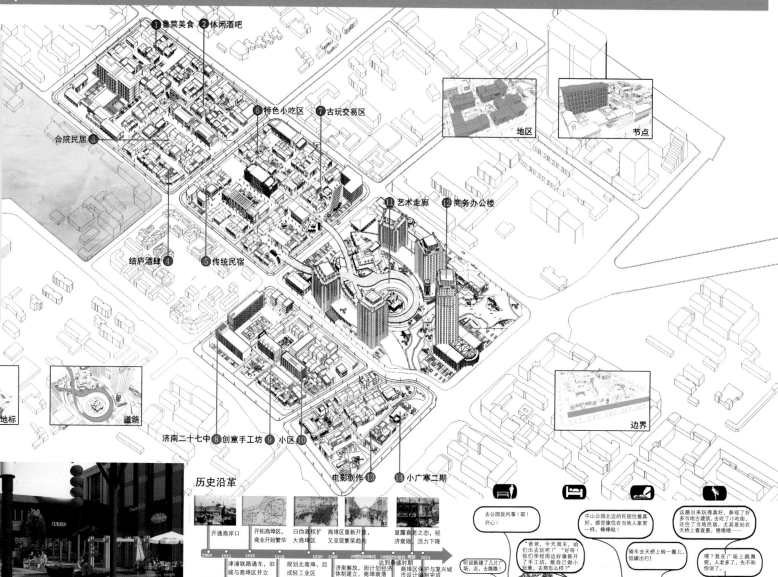

① 鲁菜美食　② 休闲酒吧　⑥ 特色小吃区　⑦ 古玩交易区

合院民居 ③

⑪ 艺术走廊　⑫ 商务办公楼

结庐酒肆 ④　⑤ 传统民宿

地区　节点

地标　道路

济南二十七中 ⑧ 创意手工坊　⑨ 小区 ⑩

边界

电影创作 ⑬　⑭ 小广寒二期

## 中西结合的庭院

## 历史沿革

| 1904 | 1911 | 1913 | 1926 | 1939 | 1948 | 20世纪七八十年代 | 20世纪八九十年代 | 2011 |
|---|---|---|---|---|---|---|---|---|

开通商岸口　开拓商埠区，商业开始繁华　日伪政权扩大商埠区　商埠区重新开放，又呈现繁荣趋向　显露衰老之态，经济衰败，活力下降

津浦铁路通车，旧城与商埠区并立　规划北商埠，后成轻工业区　济南解放，因计划经济体制建立，商埠衰落　达到最盛时期　商埠区保护与复兴城市设计编制完成

# 联合城市设计
## 开放街区IV

公共空间

## 场地要素提取

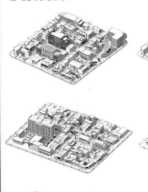

绿地系统　　　　人行系统　　　　停车场　　　　骑行系统

内蒙古工业大学一组

# 联合城市设计
## 开放街区 V

### 景观节点分析

公安局内部景观改造

原有小区院落景观改造

四合院格局景观与公共空间结合

学校中学生活动场地与现有景观结合

干道边街角广场，良好的集散场所

地块主要景观，广场聚合人流

与商业街街边景观形成对景

交通空间围合院落有景观植入

塔楼与原有保护建筑间的景观缓冲

公安局内部景观与停车结合改变原有环境

景观改造丰富原有典型四合院空间布局

与中山公园对应，形成绿轴

A 地块为主要景观，人员聚集离散场所

B 地块景观中心与其他街道形成紧密联系

C 地块景观中心为整个区域景观中心

D 地块街角对外打以及人员离散场地

景观元素

经济技术指标
总用地面积: 15.52hm²
停车位: 地上 220 个, 地下 580 个
平均层数: 4 层
各类建筑总面积: 34.5 万 m²
容积率: 2.3%
退距: 9m
建筑密度: 37%
绿地率: 35%

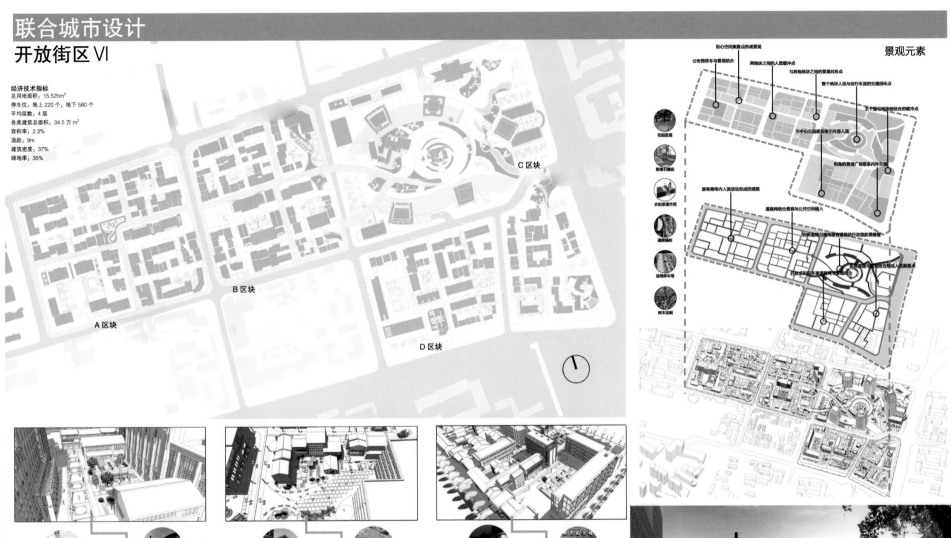

C 区块

B 区块

A 区块

D 区块

街心空间集散点形成景观
公安局停车与景观结合
两地块之间的人流缓冲点
与其他地块之间的景观对应点
整个地块人流与自行车流的交通回环点
主干道与地块相结合的缓冲点
与中山公园联系吸引内部人流
街角的景观广场联系内外交通
原有商埠内人流活动形成的道路
道路网结合景观与公共空间植入
回环道路与商埠原有道路进行改造机理传接
开放式院落生活道路结合形成人流集聚点

花园景观
趣味石铺设
水的渗透作用
道路铺装
生地停车场
榔木法桐

电影　　民宿

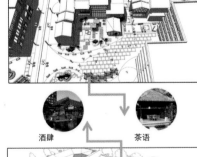

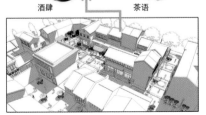
酒肆　　茶语

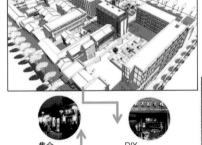

集会　　DIY

# 联合城市设计
## 开放街区 VII

作为商埠区的门户，地块的核心区需要很强的交通承载力，大量的人需要在这里停车后改为步行进入商埠区，周边的办公也需要提供大量的车位。这里有人行、车行、非机动车、公交体系，将来甚至需要考虑地铁。如何把纷乱的交通流线进行有效的组织，提高效率的同时不造成流线交错？由此问题生成了立体交通枢纽解决方案。

立体交通分析

## 核心区肌理生成

**肌理提取**
在众多重要节点中提取出商埠核心区

**细节提取**
将其内部轴线进行提取

**抽象肌理**
提取出的是一个沿街的长向肌理

**旋转变形**
通过将该种肌理旋转并相接，我们将会创造出一个可以四通八达的中心

**轴向拉长**
通过轴向长度的增加，更好地适应地块的地形

**打开核心环**
制多个方向打开核心环以改变商埠街区闭塞内向的现状

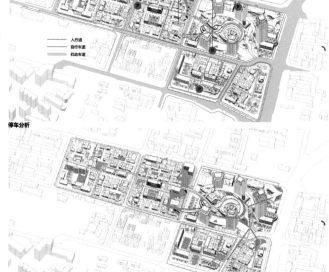

停车分析

视觉通廊

# 联合城市设计
## 开放街区 VIII

从商埠区历史建筑位置示意图中可看出,街区内历史建筑的总体分布呈现出"宏观集中,微观分散"的特点。

**56% 的现代建筑**
商埠区现代类型多样,大致包括办公建筑、商业建筑和住宅建筑。
**43% 的历史建筑类型**
商埠区现存的历史建筑类型丰富多样,大致可分为银行金融建筑、领事馆建筑、宗教建筑、交通邮电建筑、商业建筑、娱乐建筑和住宅建筑。

**片区活力稍低**
街区风貌完整但是街区活力欠佳,可以通过我们的改造进行激活。

建筑形式多样繁杂,形成了许多丰富的市井生活图景,但是建筑质量及生活环境堪忧,有着诸多老城区的典型问题。

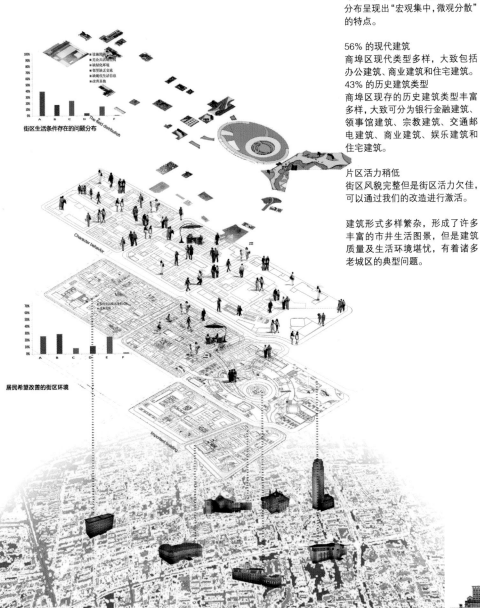

街区生活条件存在的问题分布

居民希望改善的街区环境

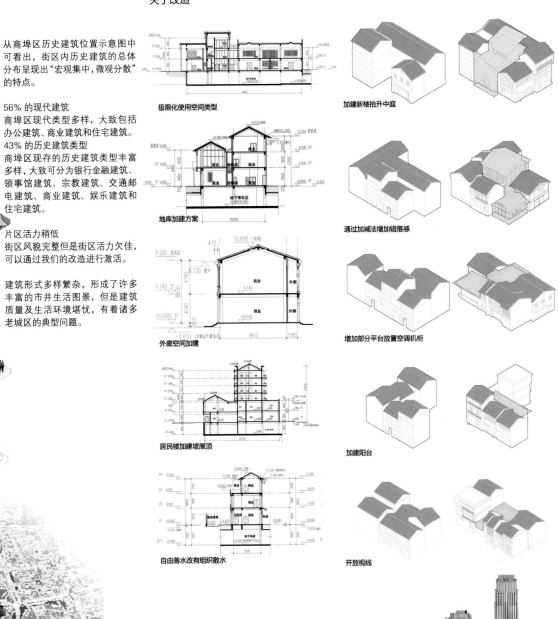

极限化使用空间类型

地库加建方案

外廊空间加建

居民楼加建坡屋顶

自由落水改有组织散水

加建新楼抬升中庭

通过加减法增加错落感

增加部分平台放置空调机柜

加建阳台

开放视线

# 联合城市设计
## 开放街区IX

### 街道等级与体验

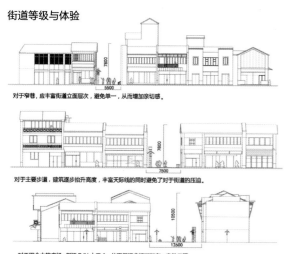

对于窄巷，应丰富街道立面层次，避免单一，从而增加亲切感。

对于主要步道，建筑逐步抬升高度，丰富天际线的同时避免了对于街道的压迫。

对于围合中的广场，保证D/H大于1，从而保证广场可以有一定的日照。

### 基本单元生成

这是一个围合的基本形

这是一个围合的基本形

这是一个围合的基本形

进行断开

中部向下凹陷

进行分离

生成带有合院的单元体

形成带有二层露台的单元体

生成两侧均可沿街的单元体

### 关于街道与小路网络局

路网密度调整

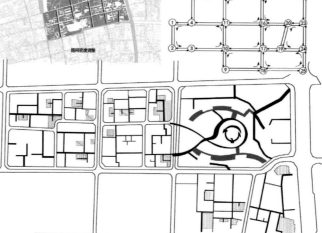

原有的道路和街巷
增加的道路和街巷
增加的公共空间
删减的公共空间

城市转弯限制模型在解决城市拥堵问题上的合理性：
（1）理想情况，转弯不设任何限制，左转弯和右转弯都可以被禁止；
（2）实际情况，只有左转弯可以被禁止。
理想情况下，假设所有的转弯都可以被禁止，给定一个初始解后，就可以得到一个最优的转弯限制设计方案，图中所有的箭头都是被限制的转弯的路径。

历史地段承载着城市的历史记忆，具有较高的历史文化价值，但是大多也存在着街巷狭窄、交通混杂、配套设施不全且陈旧、人口密度大等诸多制约因素，致使历史地段的传统价值难以有效传承和妥善利用。普遍的情况是，多数街区的历史地段经济发展缓慢，活力不足，加剧了历史地段保护与发展的矛盾。

# 开放街区 X

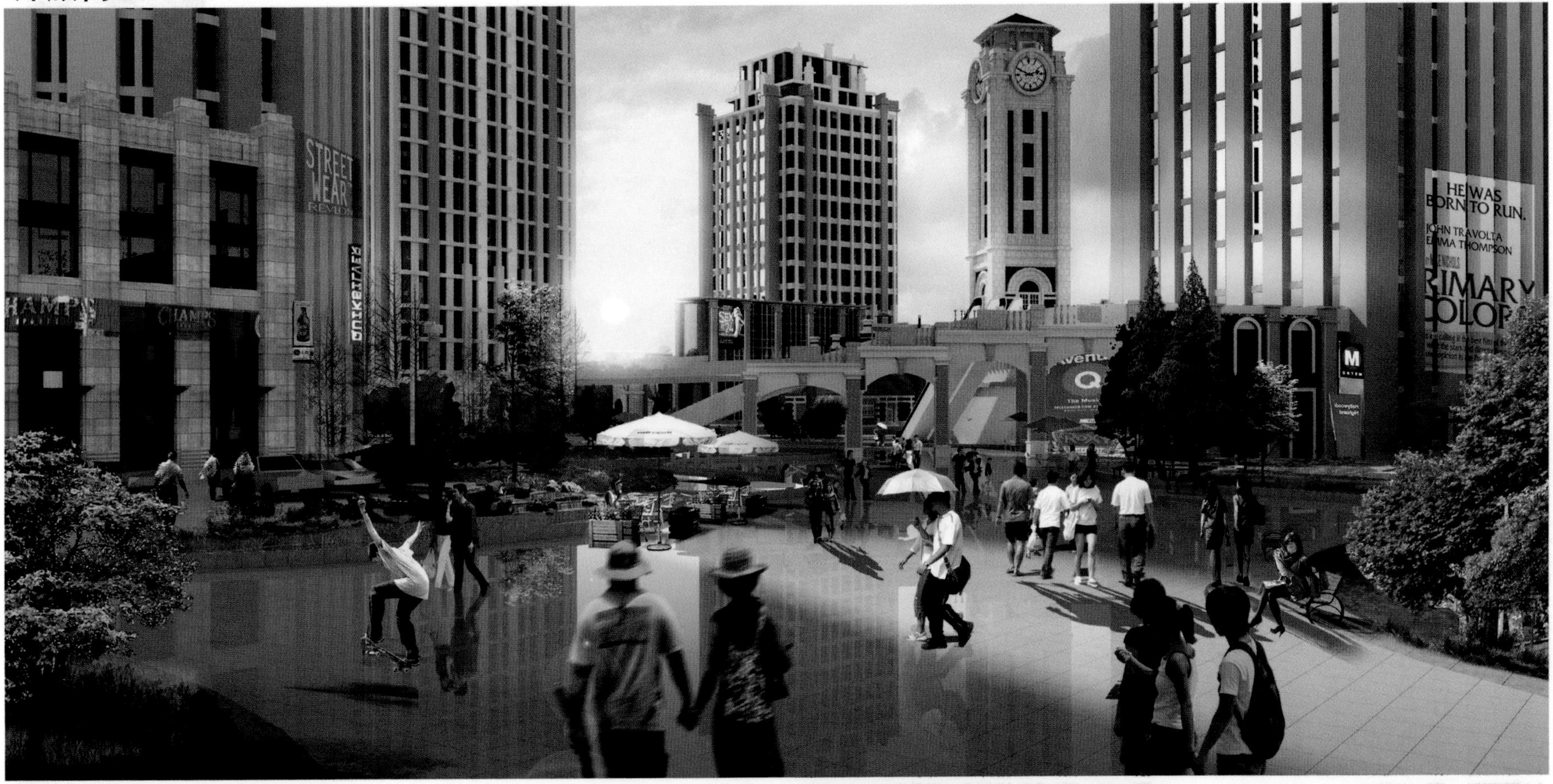


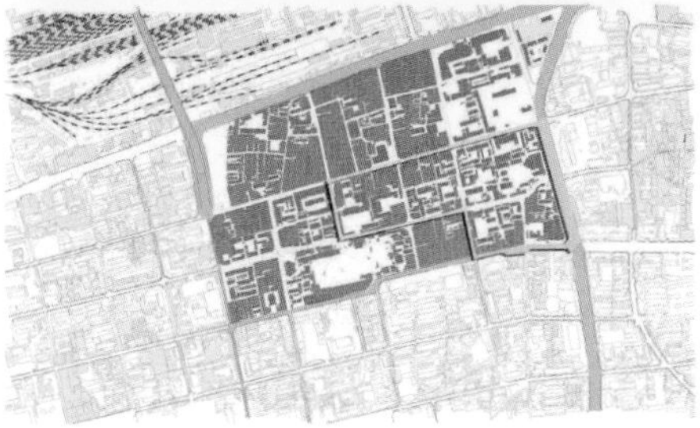

基地位置

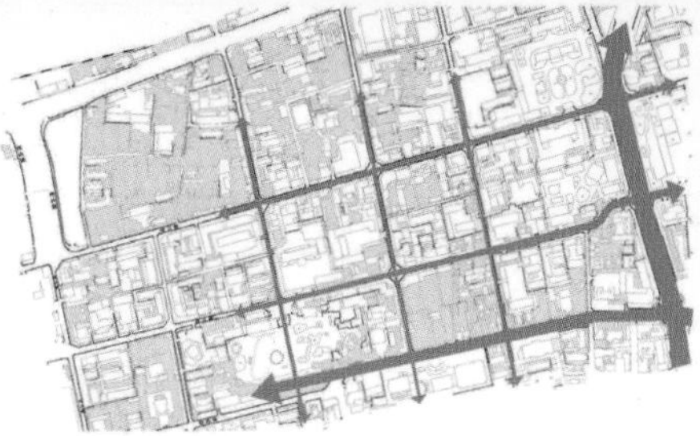

基地可达性

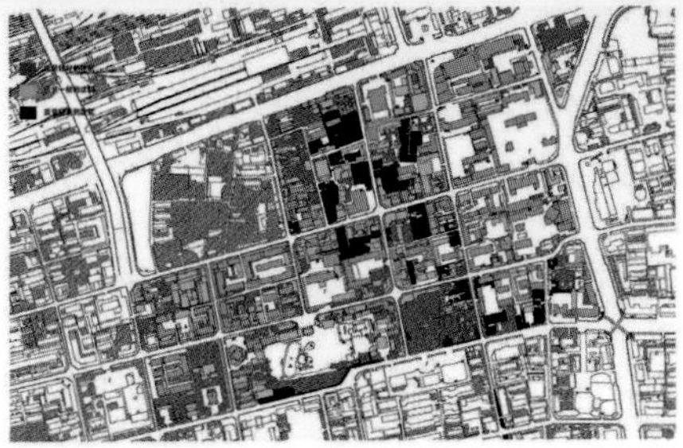

建筑质量评价

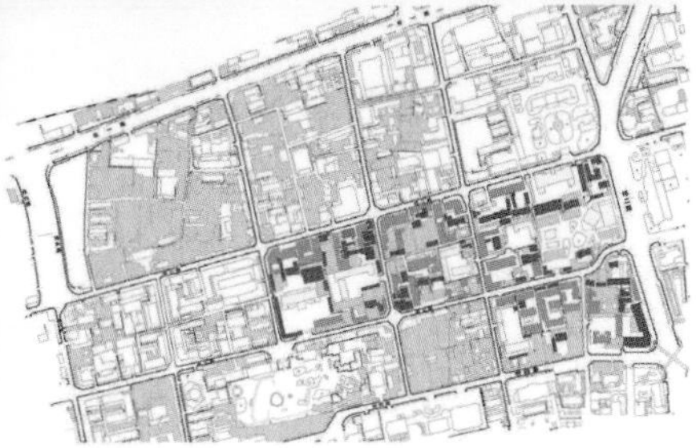

拆建状况

### 开题日记，济南

*"一个多么有趣而富有挑战的命题啊！"*

*"What an interesting and challenging proposition!"*

2016 年的 9 月 4 日。夏日的酷暑还没有完全散去，我们四校的一行人便来到了美丽的泉城济南。新与旧的冲突碰撞、建筑风格的多元与繁复是我们对商埠区最初的认识与观感。这里仿佛就是近现代百年以来济南发展的一个缩影。这样一个复杂而又厚重的聚合体，既让当时的我们对未来方案的深入有了很大的憧憬，又让初入大四的我们对于是否能把如此巨大体量的城市设计做好，有了很大的疑问。

几天后初期汇报答辩接踵而至，兄弟院校高质量的汇报令我们由衷地敬佩。山东建筑大学全面系统，烟台大学有数据分析，北方工业大学从多角度解决问题，各有侧重，各具特色。老师们客观精彩甚至有些犀利的评价也让我们找到了差距与不足。

开

**确定选址方案**

打开公园，将绿轴引向主干道，改善片区内部绿化不足的问题。

活

在保证原有道路肌理的即时拓宽经二经三经二经开放基地。

融

紧邻大观园以及融汇老商埠，组团效应明显，可以带动整个老商埠地区的保护与更新。

上图是初期汇报时的核心理念——"开，活，融"。这个理念一直从前期贯彻到最后。

### 中期日记，呼和浩特

*"是时候来一场头脑风暴了！"*

*"It's time to a brainstorming!"*

收拾好心情回到我们的"主场"呼和浩特，方案需要朝着更加细化的方向推进，是时候来一场头脑风暴了。组员们集思广益，尝试了大量的方案，最终找到了每片街区的特色，并且希望以选定的四个街区的改造带动整个商埠区的改变与更新。

炮灰方案

**地块 A** 打造商埠肌理，自由灵活的空间，亲近宜人的街道尺度

**地块 B** 注重与A地块肌理延续，让风格统一融合

**理念生成**

**前期理念总结**

**地块 C** 打造商埠区中心，空间开阔开放，富有特色，大退线，高绿化，形象展示

**地块 D** 商埠区形象展示面做广场绿化，大退线

每个地块的特征

## 开放街区　过程及感悟

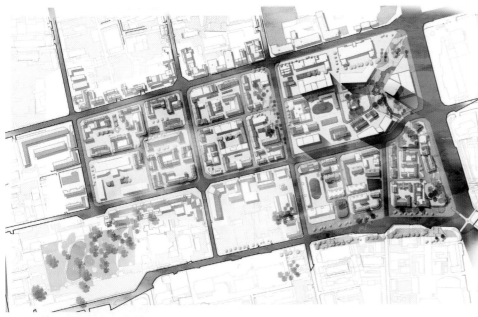

中期方案总平面图

### 末期日记，北京

*"高楼是商埠区的伤疤吗？"*
*"Are the tall buildings scars of historical block?"*

我们这组方案最大的特色及最大的争议都停留在核心区的高层建筑群上。中期答辩结束后，有老师提出不宜再建高层了。但这其实是对于基地上原有高层的一种消极的回避态度。既然历史无可避免地要与现代有所交织，那为什么要去回避而不是寻找更好的解决方案呢？

四校联合设计是一次很难得的学校之间交流的机会。各个学校的理念与方法不断地交流碰撞，开阔了我们的视野，交换了彼此的见解，更收获了难得的友谊。希望北方四校联合设计能够继续办下去并且越来越好。三人行，必有我师，有朋自远方来，不亦乐乎。
**王锡铭**
爱好：街舞　唱歌　吉他

对于建筑设计，我们应该学会批判地思考，始终学习。之前我们关注的可能只是建筑的本身。这次接触城市设计，从城市的角度去思考片区设计，我发现环境对建筑很重要，也意识到建筑在不同的环境文脉和历史文脉下会定义人们的生活。最重要的是，我在学习与交流中懂得了什么是团队精神。
**李爽**
爱好：看小说　书法　爬山

第一次参加四校联合设计，从建筑设计到城市设计，从IMUT走向北方四校，从最初的忐忑到最后的收获，整个过程充实而又享受。通过这样的联合设计的机会，各校学生之间取长补短、互通有无，也便于老师间的交流与学习。本次四校联合设计虽然历时较短，但形成了相当丰富和启发性的成果，达到了预期目的。
**高颖**
爱好：听音乐　旅游　打羽毛球

作为建筑学学习中真正开始系统考虑全局的一个开始，从这次作业中我认识与了解了建筑，感受到建筑气息，不再拘泥于建筑本身，更多地从其所在的街道影响、街区氛围、城市界面等方面作更深入的思考与探讨，这中间经历了不少曲折与快乐，收获了很多友谊。这不仅仅是一次设计课的结束，更是我建筑设计生涯中的一个开始。
**白瑄**
爱好：摄影　旅行　绘画

模型照片

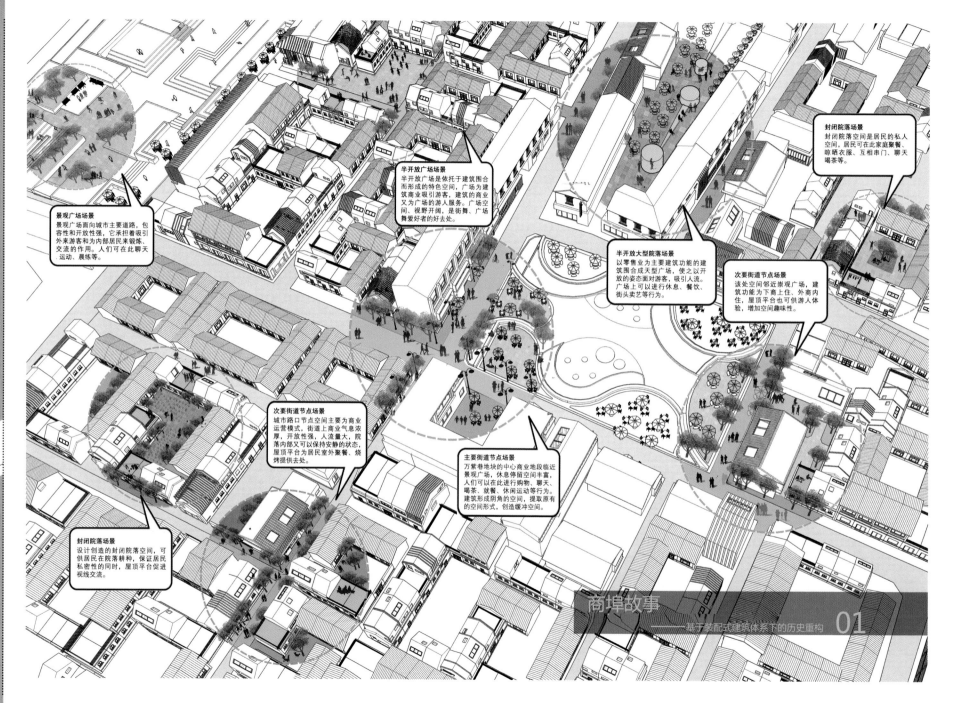

**封闭院落场景**
封闭院落空间是居民的私人空间，居民可在此家庭聚餐、晾晒衣服、互相串门、聊天喝茶等。

**半开放广场场景**
半开放广场是依托于建筑围合而形成的特色空间，广场为建筑商业吸引游客，建筑的商业又为广场的游人服务。广场空间、视野开阔，是街舞、广场舞爱好者的好去处。

**景观广场场景**
景观广场面向城市主要道路，包容性和开放性强，它承担着吸引外来游客和为内部居民来锻炼、交流的作用。人们可在此聊天、运动、晨练等。

**半开放大型院落场景**
以零售业为主要建筑功能的建筑围合成天型广场，使之以开放的姿态面对游客，吸引人流。广场上可以进行休息、餐饮、街头卖艺等行为。

**次要街道节点场景**
该处空间邻近崇观广场，建筑功能为下商上住、外商内住，屋顶平台也可供游人体验，增加空间趣味性。

**次要街道节点场景**
城市路口节点空间主要为商业运营模式，街道上商业气息浓厚，开放性强，人流量大，院落内部又可以保持安静的状态，屋顶平台为居民室外聚餐、烧烤提供去处。

**主要街道节点场景**
万紫巷地块的中心商业地段临近景观广场，休息停留空间丰富，人们可以在此进行购物、聊天、喝茶、就餐、休闲运动等行为。建筑形成阴角的空间，提取原有的空间形式，创造缓冲空间。

**封闭院落场景**
设计创造的封闭院落空间，可供居民在院落耕种，保证居民私密性的同时，屋顶平台促进视线交流。

**商埠故事**
——基于装配式建筑体系下的历史重构 01

## 基地分析

基地位于山东省济南市市中区和槐荫区之间，在旧城西关外，北依津浦、胶济铁路，南抵长清大路，东起十王殿，西至大槐树，南北长1公里，东西宽2.5公里，总面积为4000亩。这一区域地势平坦，交通条件便利。商埠区纵横道路分布均匀，经路基本上沿胶济铁路由北向南平行排列（经一路～经七路），纬路则与之垂直，由东向西排列（纬一路～纬十路），形成了比较规则的"棋盘式"道路网。

## 商埠区的优势和劣势

**肌理现状**

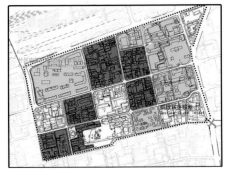

**建筑优势**

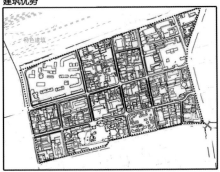

## 历史沿革

opening    golden    decline    protection    renewal

济南自开商埠
1904

发展最快，巷繁华商业区形成，大观园和万紫
1930

济南解放，计划经济体制确立
1948

商埠中心东移，商埠区开始走下坡路
1980

泉城路商业中心地位确立，商埠区衰落
1995

商埠风貌区保护与复兴计划编制完成
2011

## 济南古城与商埠区的形态演变

## 商埠区发展进程

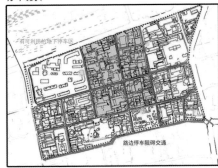

## 商埠文化类型

商业文化        泉水文化        曲艺文化        齐鲁文化

## 年龄结构

■ 0-14 岁 ■ 15-64 岁 ■ 65 岁以上
济南市年龄结构

■ 0-14 岁 ■ 15-64 岁 ■ 65 岁以上
槐荫区年龄结构

■ 0-14 岁 ■ 15-64 岁 ■ 65 岁以上
市中区年龄结构

## 区域生产总值

■ 市中区 ■ 槐荫区 ■ 济南市其他城区
2006年市中区槐荫区GDP所占比重

■ 市中区 ■ 槐荫区 ■ 济南市其他城区
2010年市中区槐荫区GDP所占比重

■ 市中区 ■ 槐荫区 ■ 济南市其他城区
2015年市中区槐荫区GDP所占比重

**停车现状**

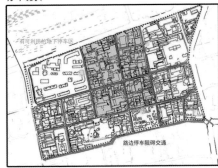

路边停车阻碍交通

**景观现状**

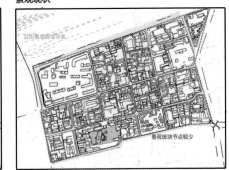

景观斑块节点较少

**道路现状**

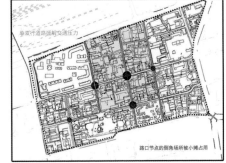

路口节点的倒角场所被小摊占用

建筑质量

建筑年代

1904-1949年
1949-1978年
1978-2000年
2000年以后

建筑高度

居住
商业
办公服务
绿化

建筑功能

5层及以下
5-15层
15层以上

# 商埠故事
—— 基于装配式建筑体系下的历史重构

03

## 道路肌理的由来

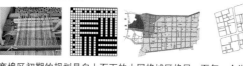

商埠区初期的规划是自上而下的小网格城区格局，而每一个街区内部形成的道路肌理是自下而上的。这种有机形成道路网和道路尺度的方法难能可贵。

## 业态更新

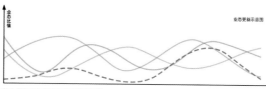

植入新的业态与原有业态形成互补

提取原有的中西式建筑元素修复经二路上的沿街立面，与基地外的普利街形成历史风貌轴。

街道片区内保留部分民居，部分建成中西式商业建筑，与现有南侧商业片区形成呼应，同时与大观园商业圈形成联系。

该片区内多为民居，建筑及街巷的肌理比较完整，所以有较大程度的保留，维持原有业态不变，植入新的业态形成互补。

片区之间的业态形成互补，同时片区内部的业态也得到补充，大部分维持原有不变。

## 片区之间的邻里关系

连续街道立面、网格道路使片区各自为政，走向封闭。

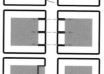

延续原有的小尺度街巷肌理，将其梳理，街区内部首先应具有良好的可视性、可通达性，使商业街逐渐走向开放。

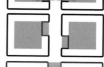

在沿街立面上，选取适当部分，拆除价值较低、质量较差的建筑，根据结构打通首层空间，使底层架空，形成尺度适宜的阴角空间。

在街区之间，利用街道、广场等第三空间作为媒介空间，使两个街区甚至多个街区形成一个有机的整体，共同生长。

## 方案策略

鉴于所选基地内建筑类型的复杂多样性及区域集中性，提出针对不同类型的建筑进行"微更新"的概念，从而进一步达到宏观更新的目的。基地中为数最多的是民居以及被破坏的文物建筑，而多数建筑尺度具有一定模数，比如开间3.3米等，与我国现在提倡的装配式建筑有一定的契合，因此以现有建筑为基础，结合装配式建筑进行更新。在"微更新"的过程中，时间不再是限制更新的主要因素，居住者能够参与其中，建筑的尺度及街巷的尺度得以保留，居民的生活质量得以大大提升。

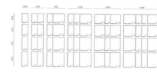

片区多为20世纪七八十年代的民居建筑，多以模数化和标准化建设，街巷的尺度非常人性化，同时也为建筑的更新带来了一定的难度。装配式建筑的介入为其更新提供了可能。

**民居单体更新**

植入内盒，改善内部环境，提高生活品质

拆除破损的建筑结构，植入新体增加容积率

拆除破损的建筑结构，保留外部建筑原有肌理

**中西式建筑更新**

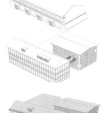

## 院落更新策略

植入新体，补全院落形式，形成私密空间

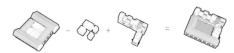

建筑在植入新体后，单元之间为以后的建设留有一定的发展余地

拆除残缺的建筑，植入带有小型院落的单体，形成院中院模式

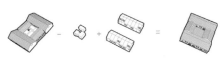

拆除居民随意加建的房屋，恢复院落肌理，在建筑内部植入新体，维持院落原有形态

商埠故事

——基于装配式建筑体系下的历史重构

04

## 建筑院落形态

建筑院落呈现出形态的多样性，院落内部的清理为内部居民的生活行为提供了充足的空间，同时也促进了院落内部居民之间的交流和互动，建筑外部肌理的保留使场所的记忆得以保留，同时，保留的建筑和植入的建筑形成对比，更加突出了这个地区的发展历程。不同时期的建筑和不同时期文化在同一时间、同一地点得以包容，体现了这一地区的共时性。院落内部的解放，使农业得以再生，农业与都市共生。装配式建筑的植入为原有建筑的再生提供了可能，这也是一种历史与未来的共生。

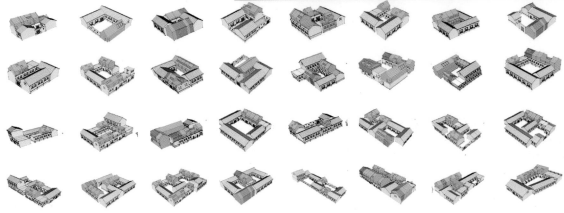

■ 植入业态示意图

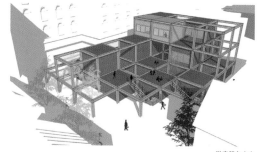

游客服务中心

商埠一期延续

社区活动中心

万紫巷商业

■ 行为示意图

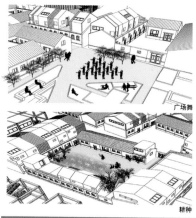

广场舞

耕种

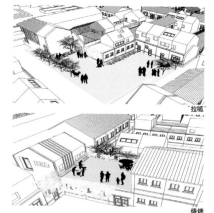

拉呱

烧烤

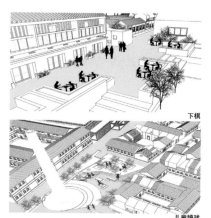

下棋

儿童嬉戏

# 商埠故事
—— 基于装配式建筑体系下的历史重构

05

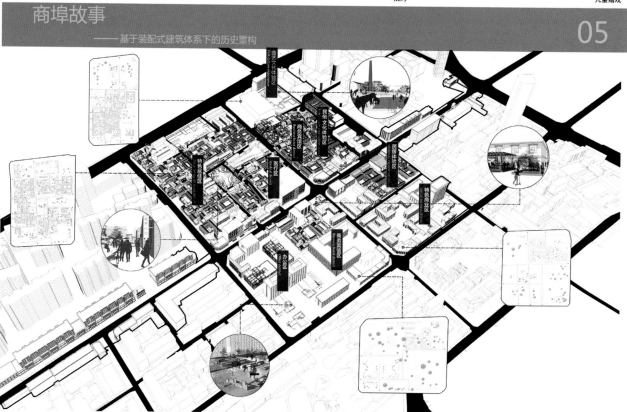

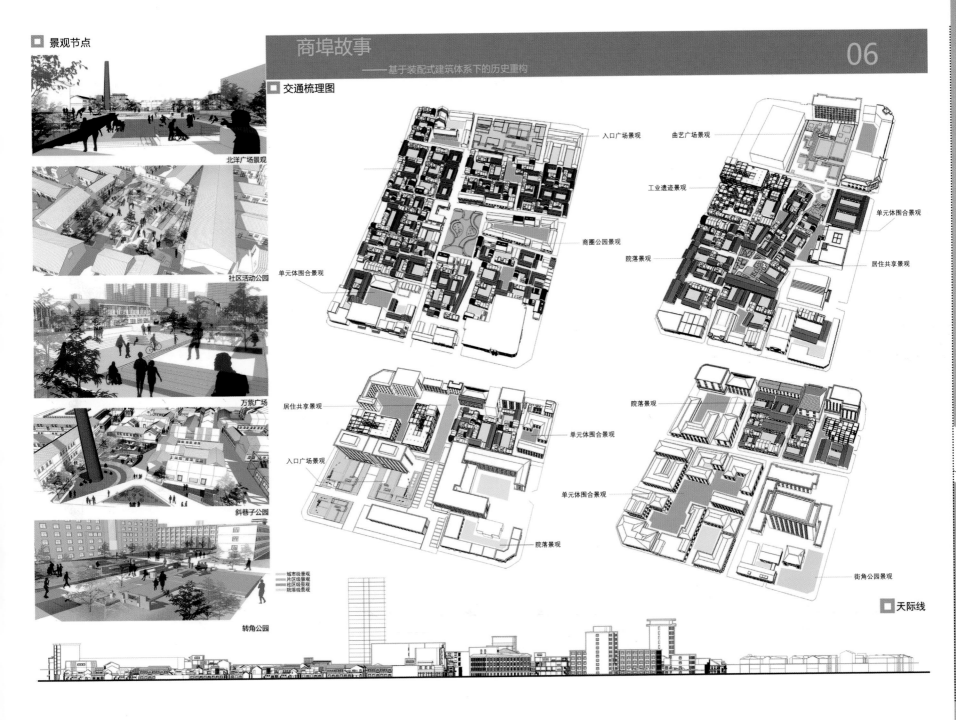

# 景观节点

北洋广场景观

社区活动公园

万紫广场

斜巷子公园

转角公园

## 交通梳理图

入口广场景观

曲艺广场景观

工业遗迹景观

单元体围合景观

商圈公园景观

院落景观

居住共享景观

单元体围合景观

居住共享景观

院落景观

单元体围合景观

入口广场景观

单元体围合景观

院落景观

街角公园景观

天际线

城市级景观
片区级景观
社区级景观
院落级景观

商埠故事
——基于装配式建筑体系下的历史重构

07

■ 交通梳理图

补全道路倒角

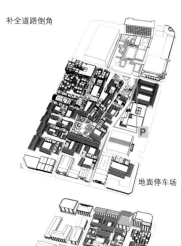

地面停车场

地面停车场

地面停车场

地下停车场

——基于装配式建筑体系下的历史重构

□ 经二路街道立面图

□ 街道尺度分析图

经二路沿街立面路北1

D:H=0.6　pavement　D:H=0.85
3.5m

经二路沿街立面路北2

D:H=1.6　lane　lane　D:H=1.0
8.0m

经二路沿街立面路北3

D:H=1.8　pavement/bicycle　pavement　D:H=2.0
1.6m　6.0m　2.0m

经二路沿街立面路南1

D:H=2.5　pavement　pavement　D:H=2.0
3.6m　9.0m　4.0m

经二路沿街立面路南2

D:H=0.6　pavement/bicycle　D:H=0.65
6.0m

经二路沿街立面路南3

D:H=0.6　pavement　D:H=0.65
4.6m

## 故事一　济南篇

济南对于我们来说比较陌生，以前更多的是从电视和书本中了解这个城市、这里的文化、这里的故事。也许是习惯了内蒙古的辽阔，来到商埠区的那一刻就被这里浓厚的生活气息和宜人的尺度感所吸引。调研时走在树影斑驳的街巷，心里慨叹着——这才是济南真正的财富啊！人与城市在时光里相融，岁月静好。所以我们当时便决定了初步意向——"围绕生活"。原研哉曾经说："我是一个设计师，可是设计师不代表是一个很会设计的人，而是一个抱持设计态度来生活的人。"设计源于生活。

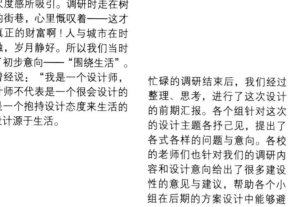

忙碌的调研结束后，我们经过整理、思考，进行了这次设计的前期汇报。各个组针对这次的设计主题各抒己见，提出了各式各样的问题与意向。各校的老师们也针对我们的调研内容和设计意向给出了很多建设性的意见与建议，帮助各个小组在后期的方案设计中能够避免与解决问题。老师们对我们组所提出的意向比较感兴趣，由于比较概念化，所以老师们也认为有难度，希望我们能够在接下来的设计中有所突破。

调研后，我们对济南商埠区的现状及问题进行了整理分析，从而提出了我们的本次设计的初步意向——"拆除物质性的问题，保留故事性的记忆"。我们不希望在发展经济的过程中抹杀那些吸引我们的生活气息与历史尺度，尽可能从人性的角度出发，来解决商埠区的经济发展问题，同时能够使街巷尺度和生活氛围得以保留，延续商埠区独特的性格。带着这个想法，我们在要求范围内选择了我们组的方案用地。

## 故事二　呼和浩特篇

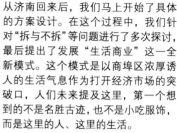

从济南回来后，我们马上开始了具体的方案设计。在这个过程中，我们针对"拆与不拆"等问题进行了多次探讨，最后提出了发展"生活商业"这一全新模式。这个模式是以商埠区浓厚诱人的生活气息作为打开经济市场的突破口，人们未来提及这里，第一个想到的不是名胜古迹，也不是小吃服饰，而是这里的人、这里的生活。

## 故事三  北京篇

带着中期的问题，我们对方案进行了进一步的深化，同时对设计理念也进行了再思考。面对商埠区经济发展的现状，针对北方工业大学老师提出的"更新是不是不如不更新"，我们作了进一步的探讨，从而提出了"装配式建筑体系在历史城市更新"的全新概念。

**成员感悟**

这是我们第一次接触城市设计方案。在一个多月的时间里，从开始的迷茫无措到一步步探索学习，过程中有心酸、有辛劳，同时也有快乐、有幸福，五味杂陈，令人难忘。通过这次四校的交流学习，我学到了很多，也成长了很多。这次的联合设计使我领略到了更宽广的世界，交到更多志同道合的朋友，也使我懂得从宽广的层面来看待建筑设计，懂得从设计的角度看待生活。

张新雨

本次城市设计是我们第一次以小组合作的形式，历时一个多月完成的设计，最终的成果也很出乎意料。在这次学习之旅中，通过和小组成员以及其他同学的交流，我也收获了很多新的思想理念以及设计方法。最重要的一点是，建筑师为了解决问题，关键在于把握方案中的主要矛盾以及对主要矛盾的理解，这直接决定解决方法是否恰当，建筑或者城市也因此有了灵魂。

徐晓曼

这次设计是我们第一次接触城市设计，它综合了城市规划、风景园林设计、建筑设计等学科的知识，特殊的场地环境促使我们对城市设计各方面进行思考，培养我们从宏观到微观的思维体系。在设计时，我们充分尊重场地，尊重当地人文，立足于场地做设计，与当地人们的生活形成共鸣。我很感激这次联合的学习机会，这会成为我人生中一次宝贵的经历。

秦璐

这次城市设计选址在济南市商埠区。区域中存在 20 世纪初的西式建筑、七八十年代的民居建筑以及现代建筑，即商埠区不再是某一历史片段的展现，而更像是述说着这一区域的发展历程。所以，我们更希望寻找某一切合点将其全部联系起来，从而寻求区域复兴的可能性。感谢能有这次参加四校联合设计的机会，这次学习使我受益颇多。

李留臣

在这一个多月忙碌而紧张的学习过程中，我们挑灯夜战，热切争论，一遍遍地翻阅地图与资料，一次次地步入迷茫又从中走出。有笑有泪，一路前行。

# 居游共生

每一幢年代悠久的建筑，都是一张记叙历史的书页；每一条古老的街巷，都是一篇记叙历史的篇章。历史片区的保护与更新中，商埠作为有着特殊历史背景的城市街区，见证了中国从没落走向繁荣、从封闭走向开放，记录着城市发展的沧桑岁月，展现了社会的更迭。如今，重新规划的新的样貌让人们的记忆能以新的方式保留与开发，传承历史文明，传播独立自主的商埠精神，给人的生活带来革新……

## ■ 历史沿革

| 1904年，山东巡抚报请朝廷要求自开通商口岸 | 1911年，津浦铁路通车，商埠区位于火车站附近，与老城相邻 | 1918年将普利门外延顺河街向西到纬一路的地段拓为商埠区 | 1939年日伪政权扩大商埠区 | 1948年济南解放后，商埠区逐渐成为以市民居住和工厂生产为主的城区 | 20世纪80年代后，商埠区一度又呈现出繁荣趋向 | 随后商埠区显露出衰老之态 | 2011年，商埠风貌区保护与复兴城市设计编制完成 |

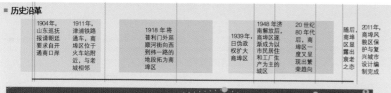

时间轴 1904　1911　1918　1939 1948　1980　2000 2011

## ■ 经济技术指标

总用地面积：19.75hm²
建筑总面积：300 913m²
平均层数：2.7层
容积率：1.52
绿地率：28%
停车位：720辆

## ■ 现状分析

a 功能的缺失与断裂
功能单一且缺乏联系，商业、文化娱乐及景观游览功能过于薄弱。
b 历史文化的没落
历史文化资源没有得到有效利用与发展，文化逐渐没落。

c 环境与设施的恶化
基地原有景观资源未得到很好的保护和利用；
原住民与外来人员对于景观环境的要求未得到较好的统一和平衡。

d 交通的混乱与无序
缺乏停车空间且停车混乱，对外来车辆吸引力较低，导致空间活力不足；
缺乏明显的区域入口，无识别性。

e 交往的阻断与匮乏
缺少公共活动空间，居民活动受到限制。
f 传统生活没落
现代的高速发展使得原有生活场景消失。

## ■ 年龄结构

65岁及以上人口9.15%    0～14岁人口13.64%

15～64岁人口77.21%

■ 0-14  ■ 15-64  ■ 65+
2010 年济南市第六次人口普查年龄构成

65岁及以上人口9.84%    0～14岁人口15.74%

15～64岁人口77.21%

■ 0-14  ■ 15-64  ■ 65+
2010 年山东省第六次人口普查年龄构成
人口密度高出现显明老龄化现象

50.25%
49.75%

50.57%
49.43%

## ■ 产业结构

产业结构以第一和第二产业为支撑，正在逐步发展第三产业，并且从整体上看，济南的经济以稳定上升的趋势发展。

## ■ 人口趋势

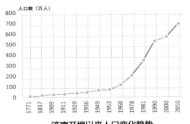

济南开埠以来人口变化趋势
人口高峰时期1978-1990年，2000-2010年

## ■ 周边要素

从整体上来看，济南交通发达，城市周边绿化环境较好，但中心城缺少绿化面积。

周边交通分析

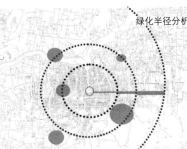

绿化半径分析

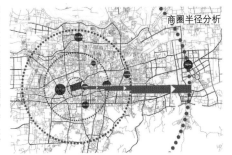

商圈半径分析

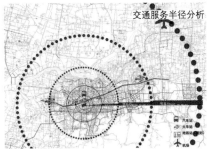

交通服务半径分析

## ▪SWOT

strengths

weaknesses

opportunities

threats

济南是省会城市，行政资源集中，城市群体发展快，具有独特的泉水历史与水域古城网络，多元文化繁荣汇集。济南老建筑是济南历史风貌与文脉的重要组成部分。街区结构完整，留有棋盘式格局，路网密集，街道景观保留好，街区活跃度高。街区内路规整，穿行方便，道路界面变化丰富，尺度宜人，给人带来良好的步行体验。

生态环境和交通拥堵问题突出，周围商业中心的辐射使其不再具备成为商业中心的可能与必要条件，风貌遭到破坏，文脉难以延续。缺少对历史文化、地域特色的回应，老建筑没有得到极好的展示，街道尺度过小且难以大幅度加宽，街道随意加建，影响活动场所，缺少停车位车辆随处停放现象严重，阻塞交通。单行标识不明显，造成困扰。

实施"三大战略"，坚持"三大途径"，几大商圈对片区有经济带动作用。泉水文化、齐鲁文化汇集，具有巨大的城市规划发挥空间，抓住商业建筑独特的活力、影响力，激活区域，形成积极的商业公共空间。依据历史建筑的可识别性和影响力吸引人流，创立城市特色历史文化区。商埠区位于万达、大观园与西市场人流交汇处，通过商埠区的连接可建立完善的老城区立体商业体系。

地方政策法规导致地块规划受限制，与设计者理念难以平衡，拆迁与保护旧城风貌存在冲突。应保护商埠原有文化特色，发展商埠新的文化产业。但老商埠区相较于成型的商业环境和商业结构很难顺应改变。

**现状建筑质量分布图**

■ 建筑质量好

■ 建筑质量一般

□ 建筑质量较差

以建成10~20年的比较旧的居住建筑为主，有一些是已经改建完的居民区和商业建筑、行政建筑，建筑质量差的以一两层的棚户区建筑为主。

**现状建筑高度分布图**

■ 10层及10层以上

■ 6-9层

□ 1-5层

10层以上的是新建的居民区和商业建筑、行政建筑，主要建筑为质量较差的居住建筑。

**现状建筑功能分布图**

■ 商业建筑

■ 行政建筑

■ 居住建筑

大多都是以居住为主，地块外部有临街的商业建筑及规划好的商业区。

总平面

肌理

更新策略

 功能

# 居游共生

## ■ 居游共生

犀牛是非常凶猛的野兽，脾气暴躁，攻击力强，难以容忍其他猛兽，但是与体量相差巨大的小小的犀牛鸟却能和平相处，犀牛和犀牛鸟之间互相帮助，共同生存。

基于这个原理，我们引入生态学"共生"的概念来表达在同一空间环境下不同生物体的共存关系。

## ■ 概念解读

游客与本地居民终归是两个独立群体，会有距离感和陌生感，需要在空间布局、功能、路径、活动策划等几个方面进行组织，在游客活动路径中穿过或融合进原住居民的生活断面，以卷入的方式近距离体会当地文化。

## 有形文化

历史文化保护 ···· 点 线 ···· 历史街巷

面 ···· 历史片区

## 无形文化

老品牌 ···· 老字号 中西式

开埠名 ···· 人物 地名 ···· 愿望寄托

书古茶韵 ···· 曲艺 手工艺 ···· 民间手工艺
茶韵

## ■ 文化契合分析

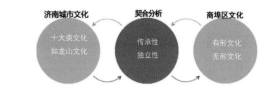

文化主线选取标准

- 丰富的物质文化支撑
- 独特的无形文化精神实质
- 有形文化和无形文化的良好结合
- 符合区位条件

商埠文化的支撑情况

- 保存完整的各种风格的建筑
- 内容丰富，可延展性较强
- 具有特色的传统民俗文化
- 符合区域条件，位于老城中心区

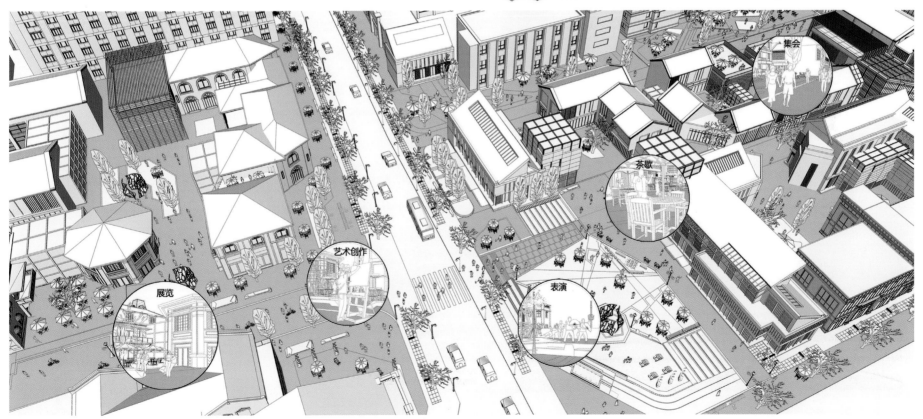

■ 居游共生——民宿改造

生存环境差
住房质量差，居住面积过小，基础设施陈旧落后，院落内私搭的建筑物使民居院落的传统风貌受到破坏。

拆迁破坏
政府对传统街区的拆迁使传统建筑受到极大冲击，青石门鼓、如意垂图、山水临门及与之有关的美丽故事将随之远去。

丧失传统格局
高层建筑使传统建筑失去了生存的环境。人类的生活离不开环境的影响，建筑亦然。只有环境整体和谐才能充分显示建筑原有的魅力。

**改造的意义**

改善原住居民生活环境提高居住质量。

保留传统风貌，延续街道韵味。

实现居民和游客互惠共生，从而居游共生，产生经济效益。

保留城市记忆。合院里弄是济南的传统符号。

■ 商业空间

商业空间的建筑整改原则为"根据历史肌理，适度重建"，采用古建营造手法，采用砖、木材、窗格等材料，围合较为规整的院落，给人带来完整的历史感。

单条肌理
整齐院落

多条肌理
组合院落

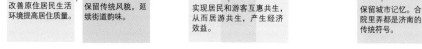

■ 居住空间

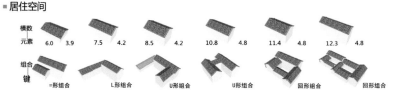

| 模数 | | | | | | | | | | | |
|---|---|---|---|---|---|---|---|---|---|---|---|
| 元素 | 6.0 | 3.9 | 7.5 | 4.2 | 8.5 | 4.2 | 10.8 | 4.8 | 11.4 | 4.8 | 12.3 | 4.8 |

组合
键

=形组合    L形组合    U形组合    U形组合    回形组合    回形组合

居住空间的建筑整改原则：力求在原有肌理的状态下，形成灵活多变的私密院落空间与公共空间。将方便人的生活作为设计的第一考虑要素，改善当地住户居住环境，同时让游客体验更丰富的院落空间。

片区
化学反应

步行空间
开敞空间

私密空间
半开放空间
开放空间

■ 民宿院落空间分析

U形的活动空间和半开放的院落形成半开敞的空间，沿街可作为公共活动的区域，延续商埠区街巷空间的场所精神。

  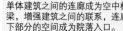

单体建筑之间的连廊成为空中桥梁，增强建筑之间的联系，连廊下部分的空间成为院落入口。

复合的院落空间，往往显得拥挤闭塞。增加具有通透感的玻璃连廊，形成既围合又开敞的空间，视觉上增加更多的角度。

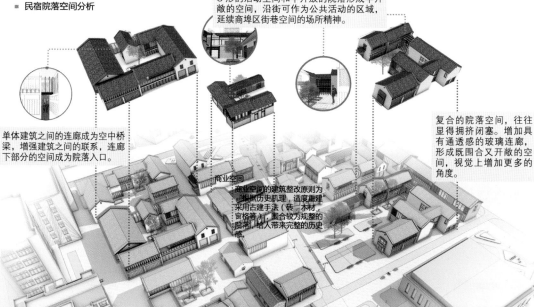

商业空间
商业空间的建筑整改原则为"根据历史肌理，适度重建"，采用古建手法（砖、木材、窗格等），围合较为规整的院落，给人带来完整的历史感。

## ▉元素提取

保留了北方合院的模式和形制，提取其中的元素，给人以传统民宿的体验，同时符合现代生活方式所营造的场所感。

连廊形成空中桥梁，连接两边建筑，也成为人们之间沟通的桥梁。

整片区域定位以文化输出为主要功能形式和经济手段，所有业态围绕发扬传统文明发展，将这片区域打造成为历史文化街区，肩负起文化保护和发扬的艰巨任务。

规划设计中加入公共空间和绿化，创造积极的居民与游客共同存在的集聚地。

瓦片墙是济南历史建筑的一种建筑语言，采用这样的建筑风格，既保护特色风貌，又符合商埠区的建筑格调。

欧式风格的柱式，延续商埠区开埠时的建筑风貌。柱式的保留，既是一种复古的建筑风格，也是商埠区历史的遗存。

### ▉建筑策略

**拆除**
拆除与整体风貌相违的建筑物

**组合**
将新功能与传统功能结合

**增加**
增加功能建筑

**植入**
食宿 休闲 观景 卫生间
传统空间进行现代需求传统需求的植入

**置换**
客厅 卧室 客栈
居住功能与当地特色功能的置换

**拼接**
各功能组合，活跃居民空间

增加功能
在人行道路上增加公共空间及功能，提升人行路活力

拓宽
在不破坏老街巷肌理的基础上，拓宽人行道，方便通行

打通
人行道如有严重的障碍建筑，酌情打通，使道路顺畅

连廊
工业厂房改造可局部使用连廊，增加功能韧性

系统
构建完整的"鱼骨式"道路，分级步行

▉营造多元的个性空间

**广场**

**街道**

**活动中心**

### ▉车行街巷策略

禁止
部分街道禁止机动车通过，营造出良好的步行氛围

疏通
适当增加活动场地来疏通交通带来的压力

引导
通过节点及标志物的交通引导，使车行交通有更强的目的性及更高的效率

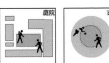
保留
对于车行气氛良好的街道进行保留

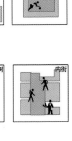
入口
对车行道路入口空间进行标志性处理，提高辨识度

**庭院**

**古树**

**内街**

## ▉慢行系统

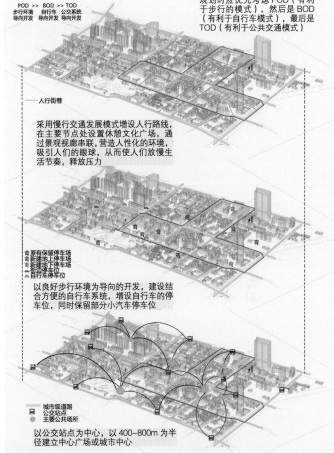

采用3D发展模式，即城市交通规划时应优先考虑POD（有利于步行的模式），然后是BOD（有利于自行车模式），最后是TOD（有利于公共交通模式）

POD >> BOD >> TOD
步行环境 自行车 公交系统
导向开发 导向开发 导向开发

—— 人行街巷

采用慢行交通发展模式增设人行路线，在主要节点处设置休憩文化广场，通过景观视廊串联，营造人性化的环境，吸引人们的眼球，从而使人们放慢生活节奏，释放压力

原有保留停车场
新建地上停车场
新建地下停车场
路边停车位
其他停车位

以良好步行环境为导向的开发，建设结合方便的自行车系统，增设自行车的停车位，同时保留部分小汽车停车位

城市级道路
公交站点
主要公共场所

以公交站点为中心，以400~800m为半径建立中心广场或城市中心

▉快慢交叉界

商业
商业

快慢交叉节点——引导性、功能性

▉慢行交叉界

慢行体系节点——活动空间、休憩性

■功能分区

居住区

行政办公

商业服务

特色民宿

民俗文化体验区

商务办公

创意文化产业区

商业服务

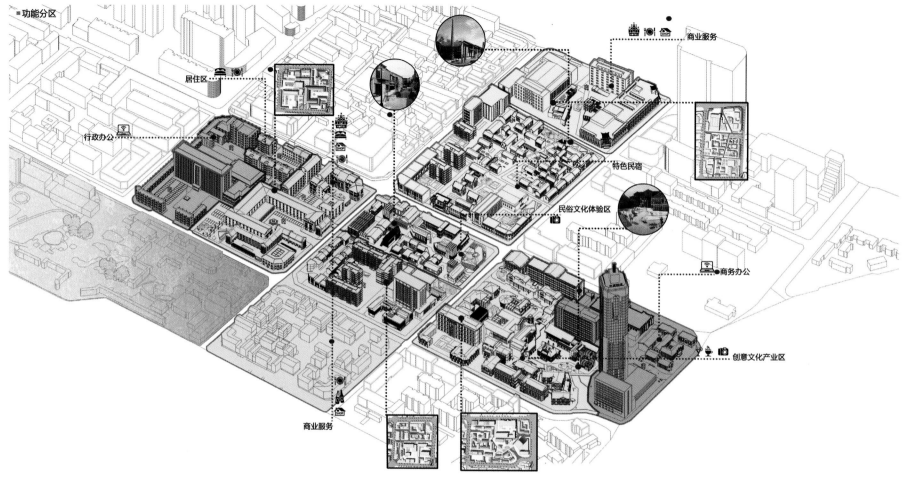

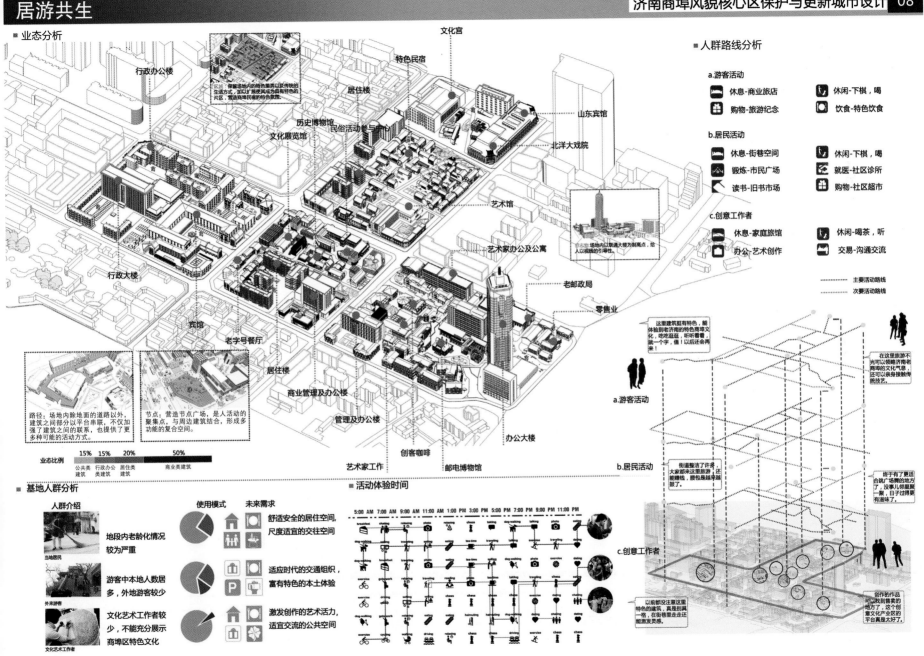

内蒙古工业大学三组

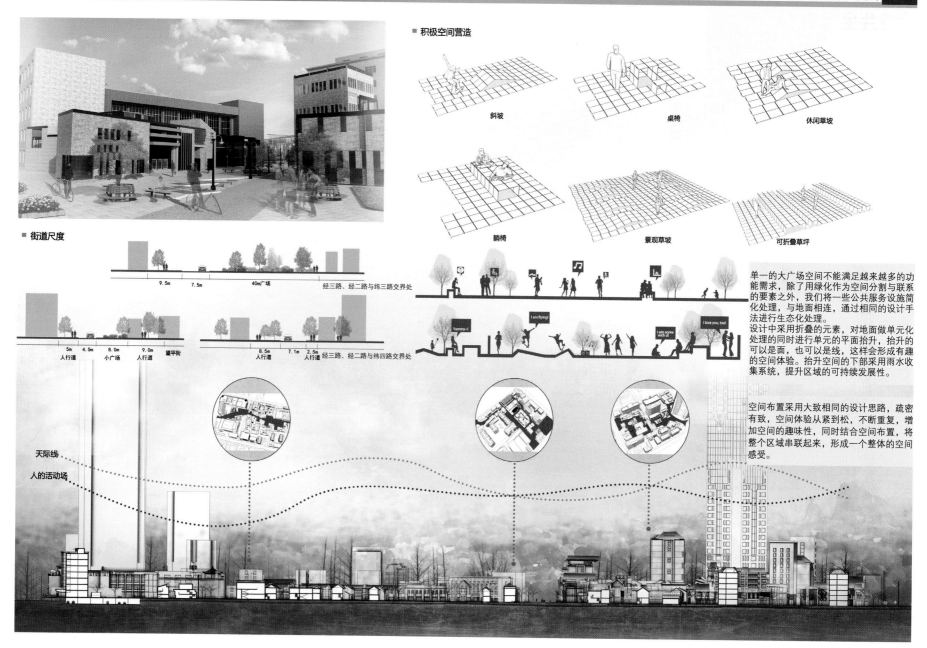

■ 积极空间营造

斜坡

桌椅

休闲草坡

躺椅

景观草坡

可折叠草坪

■ 街道尺度

9.5m 7.5m 40m广场 经三路、经二路与纬三路交界处

5m 4.5m 8.0m 9.0m 望平街
人行道 小广场 人行道

8.5m 7.1m 2.5m 经三路、经二路与纬四路交界处
人行道 人行道

单一的大广场空间不能满足越来越多的功能需求,除了用绿化作为空间分割与联系的要素之外,我们将一些公共服务设施简化处理,与地面相连,通过相同的设计手法进行生态化处理。
设计中采用折叠的元素,对地面做单元化处理的同时进行单元的平面抬升,抬升的可以是面,也可以是线,这样会形成有趣的空间体验。抬升空间的下部采用雨水收集系统,提升区域的可持续发展性。

空间布置采用大致相同的设计思路,疏密有致,空间体验从紧到松,不断重复,增加空间的趣味性,同时结合空间布置,将整个区域串联起来,形成一个整体的空间感受。

天际线

人的活动场

## 居游共生

### 开题 济南

这是一次令人难忘的命题。
在还没有去济南之前，我们已经意识到城市设计对于我们来说还是十分陌生的。我们带着满腔的热情来到济南这座充满诗意的城市，正式开始了城市设计学习之旅。

2016 年的 9 月 4 日到达济南，进行为期一周的调研与汇报。在调研的过程中，我们深深地感受到济南这座拥有多元文化与悠久历史的城市与呼和浩特市的不同。

经过三天的调研工作，在进行前期调研汇报过程中，我们感受到了来自兄弟院校的压力。每个学校都有值得我们学习的地方，大家都秉持着认真学习、一起进步的态度。在这样的压力下，我们努力做到最好，认真了解济南这座城市。

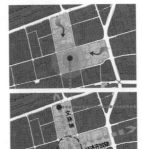

老师们对我们的成果进行了认真的评价，指出了不足之处，并且点明了接下来努力的方向，让我们对城市设计有了进一步的了解。

**初期方案构想**

综合前期调研，提出我们的设计理念并且贯穿始终。

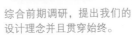

### 中期 呼和浩特

在对自己的命题进行了解的基础上，我们回到呼和浩特进行更加深入的探讨。深化方案是最艰难的步骤。在老师的帮助下，我们修改了选址，一次次设计又一次次地修改，在不断重复中深化，找到自己的特色，发扬这种特色定位以达到对商埠区重新规划、焕发新生的目的。

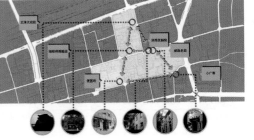

## 居游共生

历史片区的保护与更新中，商埠作为有着特殊历史背景的城市街区，见证了城市从没落走向繁荣，从封闭走向开放，记录着城市发展的沧桑岁月，展现了社会的更迭。

中期方案总平面图

模型照片

### 终期　北京

两个多月的时光转瞬即逝，从开题到终期，从了解到深入，我们一直秉持"居游共生"的理念，探究在满足游客和居民需求的前提下，在空间设计上引导原住居民为游客提供更多的产品支持，游客消费产生更多的经济支持，从而达到共生。这个过程艰辛却充满乐趣。我们收获了最终的成果，结识了良师益友，北京之行是一个圆满的句号，但也是一个新的开端！

### 成员感悟

通过这次四校联合设计我学到了很多，不仅仅是知识的积累，还掌握了更多的学习方法。有压力才会有动力，为了完成设计，整个小组都付出了很多。在共同学习的过程中知识的积累更快。这是我目前做过的印象最深的作业，同时改掉了之前的许多坏毛病，对于我以后的建筑设计学习会更有帮助。

参与此次联合城市设计，对我来说既是机遇又是挑战，从建筑设计到城市设计，从单体推敲到整体规划，每一次转换都是一个探索和学习的过程，回味无穷。同时通过这次联合设计的机会，我也收获了友谊，开阔了视野，学会了合作，受益匪浅。

经历了这次的四校联合设计，我们学到了很多，也成长了许多，还让我们认识了很多其他学校建筑学的学生。这次设计不仅是对我们其他专业的强化训练，也考验了我们的专业积累，更磨炼了我们的意志。总之，十分感谢学校和同学们付出的努力。

能参加这样一次联合设计是一件很美好的事情。在设计的过程中我接触到一些新的思想，了解了其他院校的学习生活，大家一起学习、进步，这样的感觉真的值得怀念。也很感谢给我们提供帮助的兄弟院校的同学、提供指点的老师们，最感谢的还是一起努力完成作业的同学们。这段时光定会回味无穷！

# 时空容器

## 小街巷•大生活 ——济南市商埠风貌核心区保护与更新城市设计

现状
分析

人的行为方式主要分为必要性行为、自发
性行为和社会性行为，对于商埠区来讲，
主要以自发性行为为主，在车站、街口和
公共活动空间人流最大，其余主要受空间
尺度、街道尺度和建筑密度等影响。

### 城市设计框架

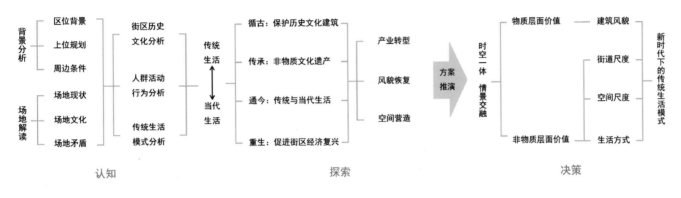

认知　　　　　　　　　　　　　探索　　　　　　　　　　　　　决策

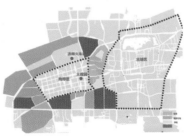
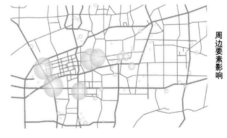
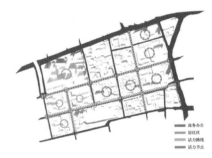

商埠区被众多商圈包
围，已经不再具备成
为商业核心区的优势，
但棋盘状的道路布局
又为商埠区未来的发
展创造了多种机遇和
可能性。

周边要素影响

商埠区拥有百年文化，
老字号的存在为其增
添了特色，沿街多为
2层的青砖瓦房、传
统土木结构房屋和底
层的院落，以及大多
数的德式折中主义建
筑，让商埠区良莠不
齐的建筑质量有了历
史价值。

现状风貌分析

内蒙古工业大学四组

## 小街巷·大生活 —— 济南市商埠风貌核心区保护与更新城市设计

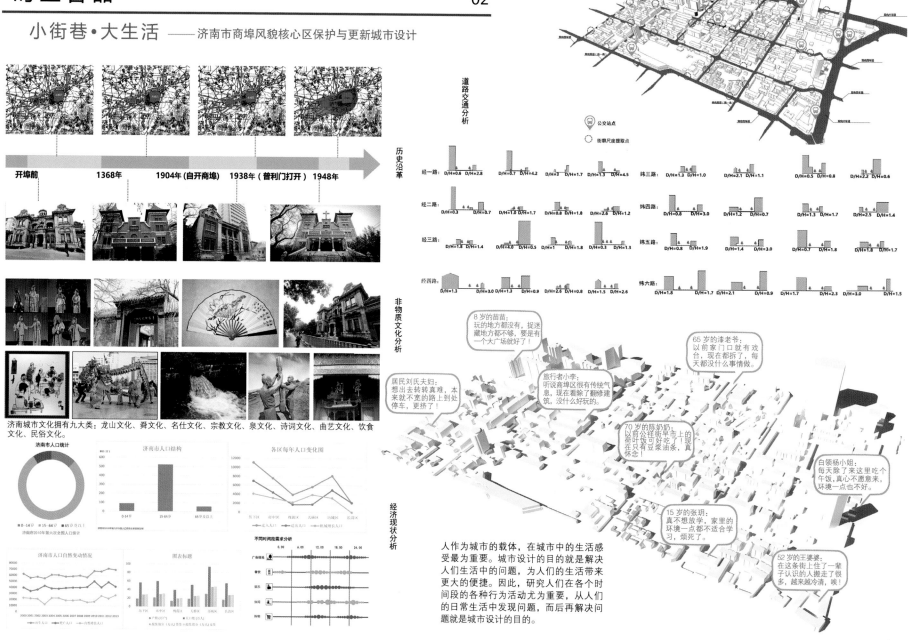

济南城市文化拥有九大类：龙山文化、舜文化、名仕文化、宗教文化、泉文化、诗词文化、曲艺文化、饮食文化、民俗文化。

人作为城市的载体，在城市中的生活感受最为重要。城市设计的目的就是解决人们生活中的问题，为人们的生活带来更大的便捷。因此，研究人们在各个时间段的各种行为活动尤为重要，从人们的日常生活中发现问题，而后再解决问题就是城市设计的目的。

# 时空容器

## 小街巷·大生活 —— 济南市商埠风貌核心区保护与更新城市设计

**维度与现状的融合**
**物质方面**

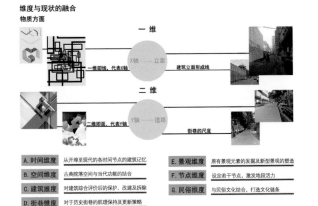

一 维
X轴 → 立面
一维即线，代表X轴
建筑立面形成线

二 维
Y轴 → 道路
二维即面，代表Y轴
街巷的尺度

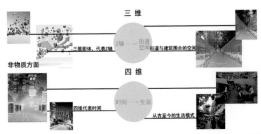

三 维
Z轴 → 街道空间
三维即立体，代表Z轴
街道与建筑围合的空间

**非物质方面**

四 维
时间 → 生活
四维代表时间
从古至今的生活模式

A.时间维度 从开埠至现代的各时间节点的建筑记忆
B.空间维度 古典院落空间与当代功能的结合
C.建筑维度 对建筑综合评价后的保护、改造及拆除
D.街巷维度 对于历史街巷的肌理保持及更新策略
E.景观维度 原有景观元素的发掘及新型景观的塑造
F.节点维度 设定若干节点，激活地段活力
G.民俗维度 与民俗文化结合，打造文化链条

纬度作为一个物理量存在于宇宙中，但在城市生活中也存在着不同意义的纬度，甚至可以说，在城市空间上也有着不同层面的纬度。可将纬度放大，延伸并渗透到城市空间的每一个组成部分上，由繁到简，化众归一，以纬度作为骨架，以生活模式作为血肉，整体运用到城市规划建设当中。

### 产业文化体系

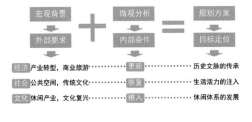

### 街区发展目标

传统休闲街区

目标一：构建传统生活的集中展现区
目标二：构建传统旅游的新名片
目标三：构建休闲文化产业的集聚区

### 支撑板块

旅游板块 城市旅游，休闲旅游商业区 休闲商业游览路线，民俗博物馆等

服务板块 公共需求，休闲服务聚集区 餐饮小吃等特色服务街区

生活板块 市井空间，传统生活展示区 传统生活模式，市、街、院空间的融合

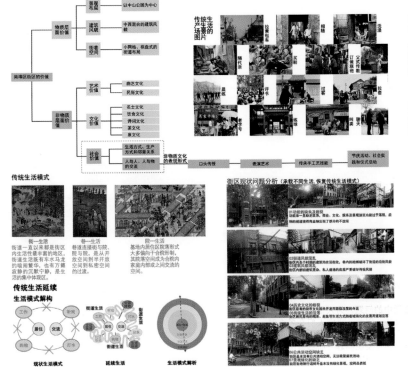

**传统生活模式**
**传统生活延续**
**生活模式解构**

现状生活模式 延续生活 生活模式解析

街—生活 巷—生活 院—生活

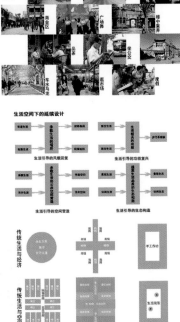

街区现状问题分析（承载不同生活，恢复传统生活模式）

生活空间下的延续设计

传统生活与经济

传统生活与空间

产业功能
街区风貌
文化生活
景观空间

整修建筑 恢复街巷
延续生活 复兴文化
建构生态 营造空间

内蒙古工业大学四组

## 小街巷•大生活 —— 济南市商埠风貌核心区保护与更新城市设计

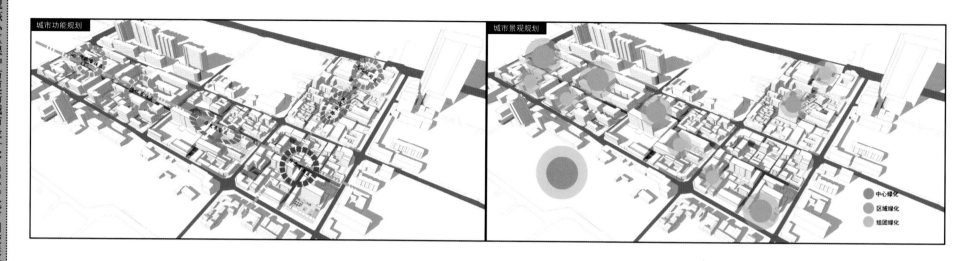

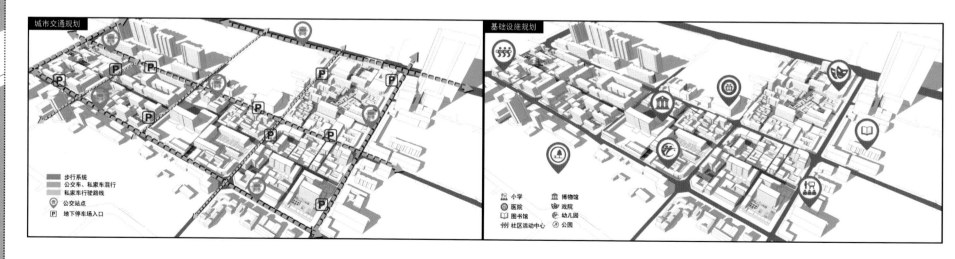

## 小街巷·大生活 —— 济南市商埠风貌核心区保护与更新城市设计

组团梳理

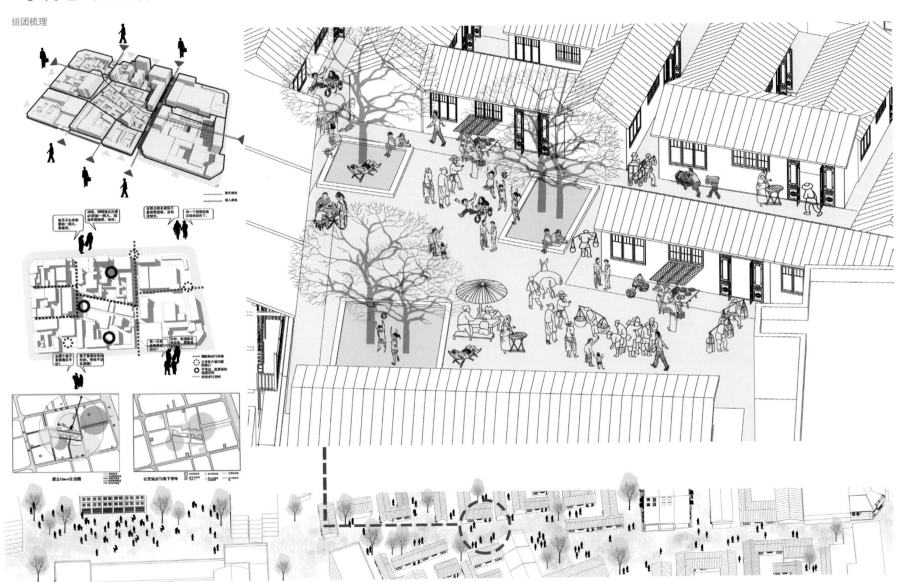

建立15min生活圈      公交站点与地下停车

## 小街巷·大生活 —— 济南市商埠风貌核心区保护与更新城市设计

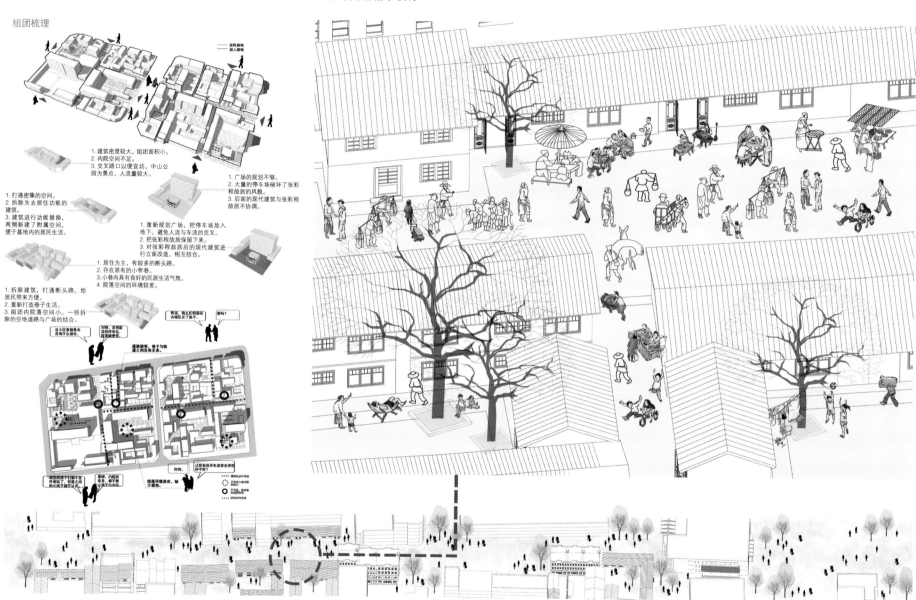

组团梳理

1. 建筑密度较大，组团面积小。
2. 内院空间不足。
3. 交叉路口以便宜坊、中山公园为景点，人流量较大。

1. 打通密集的空间。
2. 拆除失去居住功能的建筑。
3. 建筑进行功能替换，两侧新建了附属空间，便于基地内的居民生活。

1. 重新规划广场，把停车场放入地下。避免人流与车流的交叉。
2. 把张彩程故居保留下来。
3. 对张彩程故居后的现代建筑进行立面改造，相互结合。

1. 广场的规划不够。
2. 大量的停车场破坏了张彩程故居的风貌。
3. 后面的现代建筑与张彩程故居不协调。

1. 居住为主，有较多的断头路。
2. 存在原有的小窄巷。
3. 小巷内具有良好的民居生活气氛。
4. 院落空间的环境较差。

1. 拆除建筑，打通断头路。给居民带来方便。
2. 重新打造巷子生活。
3. 组团内院落空间小。一些拆除的空地道路与广场的结合。

## 小街巷·大生活 ——济南市商埠风貌核心区保护与更新城市设计

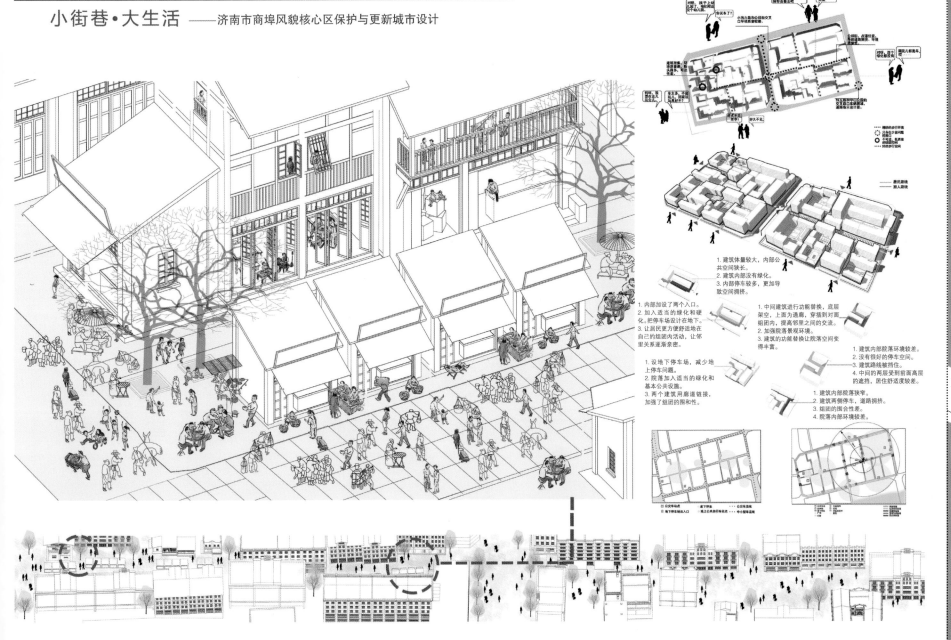

## 小街巷·大生活 ——济南市商埠风貌核心区保护与更新城市设计

### 传统建筑

拆除    增加    植入    置换

拆除临时搭建，恢复风貌    增加建筑，还原肌理    传统空间植入现代空间    原住功能与商业功能置换

### 车行街巷

拓宽    打通    禁止

### 公共活动

文保范围    块状广场

### 组团活动

古树    组团中心

### 院落活动

拆除乱建    重组院落    新建合院

### 沿街活动与设计建议

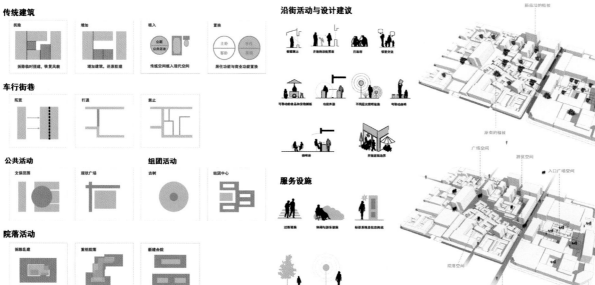

### 服务设施

### 绿色出行

■ 分配道路空间时，应优先保障绿色交通空间与相关设施需求。

在空间保障优先排序中，应将步行通行排在首位，其次是公共交通，再次是非机动车通行。

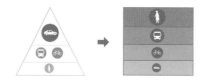

### 功能混合

■ 鼓励在街区、街坊和地块进行土地复合利用，形成水平与垂直功能混合。

### 行道树

■ 鼓励有条件的街道连续种植高大乔木，形成林荫道，提升休憩空间品质。

济南市商埠区属温带季风气候，冬夏较长，夏季能够提供有效遮阴，落叶后冬季阳光可以照入街道空间，形成斑驳的树影，提升环境体验。建议采用桐树等商埠区常用的树种，突出街区特征，提高可识别性。

高大的树木夏天遮阳    冬季落叶时可以渗透阳光

### 慢行优先

■ 应合理控制机动车道规模，增加慢行空间。

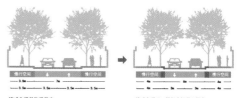

缩减车道前街道尺度    缩减车道后，慢行空间得以拓宽

## 小街巷·大生活 ——济南市商埠风貌核心区保护与更新城市设计

### 交叉口异化设计

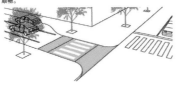

■ 车流量较小、以慢行交通为主的支路汇入主、次干道时，交叉口宜采用连续人行道铺装代替人行横道。

在路口保持人行道铺装与标高连续，通过抬高或斜坡形式保证人行顺畅。

■ 车流较少且人流量较高的支路交叉口宜采用特殊材质及人行步道铺装；可将车行路面抬高至人行标高，进一步提高行人过街舒适性。

### 近人区域

■ 沿街建筑底部 6~9m 以下部位应进行重点设计，提升设计品质。

沿街建筑底部 6m（较窄的人行道）至 9m（较宽的人行道）是行人能够近距离观察和接触的区域，对行人的视觉体验具有重要的影响。

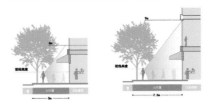

■ 建筑沿街立面低层设计应注重虚实结合，避免大面积实墙与高反光玻璃。

### 公交车站的协调

公交车进站处采用非机动车道绕行，并设置加宽岛式车道，确保上下车乘客安全，将公交车非机动车与乘客之间的冲突降到最低。

– 设置较窄的站台供乘客上下公交车。
– 在自行车道上设置斑马线。
– 在步行道上设置候车设施。
– 站台处的乘客需要和自行车协调通行顺序，骑者须避让公交乘客。

– 站台较宽并整合了候车设施。
– 在穿越自行车道处设置斑马线。
– 公交乘客和自行车的冲突有所降低，乘客需等待并让自行车先行。
– 自行车道向外延伸，使站台有足够面积，并且还能降低自行车速。

– 在公交车站处将自行车道抬起以降低车速，并提高站台的步行可达性。
– 提醒骑车人，注意行人。

### 优化断面设计

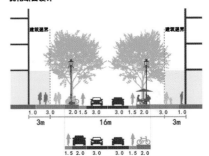

### 海绵街道

■ 鼓励沿街设置下沉式绿地、植草沟、雨水湿地，对雨水进行调蓄、净化和利用。

下沉式绿地的作用以调蓄为主，一般用于暴雨时径流排放；植草沟是有植被的地表沟渠，可用于收集、输送和排放径流雨水；雨水湿地通过物理措施及种植水生植物、微生物等方式进行雨水净化。相关设施可利用绿化带形成带状设施或结合设施带进行块状布局。

上凸式绿地增加了司机的视觉绿色范围，但雨水易斜流至路面，无法让雨水滞留。

下凹式绿地无法增加司机视觉绿色范围，但雨水可以直接渗透至地下或滞留于雨水花园。

# 时空容器

## 小街巷·大生活 —— 济南市商埠风貌核心区保护与更新城市设计

从"主要重视机动车通行"向"全面关注人的交流和生活方式"转变

城市交通的根本目的是实现人和物的积极、顺畅流动，因此要在观念和实践中真正实现从"以车为本"到"以人为本"的转变，必须应用系统方法对慢行交通、静态交通、机动车交通和沿街活动进行统筹考虑。

从"道路红线控制"向"街道空间管控"转变

以道路红线管理为主要手段的管理方法加快和保障道路建设发挥了主要作用，但在新的发展背景下，不应该成为提升街道品质的一道隐形的障碍。要实现街道的整体塑造，需要对道路红线内外进行统筹、规划和设计，更关注两侧界面的街道空间整体。

从"工程性设计"向"整体空间环境"转变

街道是数量最多、使用频率最高的公共空间。工程设计绝不仅仅是在道路红线内做文章，还必须充分尊重沿线的建筑、风貌条件以及活动需求。应突破既有的工程设计思维，突出街道的人文特征，对市政设施、景观环境、沿街建筑、历史风貌等进行有机的整合，塑造特色街道。

从"强调交通功能"向"促进城市街区发展"转变

交通效率是一个可以预测和评价的标准，交通流量、饱和度、服务水平常常作为道路评价的核心指标，但是街道不仅仅具有交通功能，需要重视其公共场所功能、促进街区活力的功能、提升环境品质等综合认知功能。

**城市肌理规划**

现状肌理

保留建筑

加建筑

成果

### 设计说明：

传统生活街区充满了叙事性的段落，是一段段生活的组成，它包含了极为复杂的情感，一条条街道就是公共与私密的界面，是人与城市关系的见证者。邻里关系、街巷生活、历史文化是传统生活街区的味道，随着现代社会的发展，传统生活街区大面积被毁坏，"老味道"最终是否会荡然无存？该方案站在重塑"邻里"、延续传统生活模式的角度，探讨传统生活街区的复兴模式。

### 经济指标：

总用地面积：18.3548hm²
总建筑面积：40.8886hm²
建筑密度：42.24%
平均层数：3层
容积率：2.23
绿地率：21.4%
地下停车位：1024 个

## 小街巷•大生活 —— 济南市商埠风貌核心区保护与更新城市设计

### 过程与感想

北国的秋虽是沙尘灰土的世界，但却来得清、来得静、来得悲凉……早就在老舍笔下感受到了济南的美好，带着一颗躁动的心，领略一路的风光，从金秋的北国来到了山东的泉城——济南。济南的秋是诗意的，中古的老城、宽厚的城墙、狭窄的石路、人影攒动的商埠、新与旧的交叠，带给我们的是视觉与文化的冲击。如何保证百年商埠不再遗世独立，如何在时光荏苒中为商埠注入新鲜血液、重现辉煌是大四学生城市设计课程作业的重要因素。

**初期 济南**

济南大街小巷中的奔走，鼻尖充斥着的商埠百年的味道，主干道上的车水马龙，经纬路上的熙熙攘攘，无一不带给我们惊喜。几天忙碌下来，初期汇报接踵而至。每一组同学的精心准备和精彩纷呈的汇报，都令我们钦佩，都让我们感受到了自己的不足。

# 时空容器

## 小街巷·大生活 —— 济南市商埠风貌核心区保护与更新城市设计

### 过程与感想

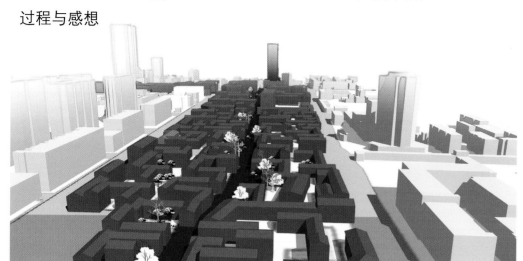

**末期 北京**

送走了济南诗意的秋，我们带着对初冬的向往来到了北京。不同于其他城市设计的大拆大建，我们始终遵循保护的理念，追求新时代下的传统生活，打造小街巷中的大生活，以生活为本，将生活贯穿始终，用生活来设计城市。

第一次参加联合设计，济南市商埠核心区城市设计的这个题目使我对历史街区的保护与更新有了更全面和深刻的理解。在如何有效地维护商埠区历史文化风貌，实现街区物质空间、文化、商业的多维复兴等方面作了深入思考。在学习与交流过程中也获得了深刻的友谊，体会到了团队合作的重要性。

对于建筑设计，重点都会集中在建筑的功能、结构和立面等细节部分，但是对于城市设计来说，是以城市的角度去理解、去设计，比起建筑要宏观得多。通过这次的城市设计，让我体会到了互相学习的重要，了解到了自己的不足，而四校联合的交流不仅是我学习生涯中一个新的开始，更是给了我一个新的方向。

第一次参加联合设计，感悟颇多。刚面对城市设计时，有一些迷茫，但通过一次次的汇报和讨论，我对城市设计也有了一定的了解，也受到了一定的启发。总的来说，这短短的两个月是给我带来不断学习、弥补不足的最美好的时期。感谢这很好的交流平台。

通过这次四校联合设计，我感受到了团队协作的重要性；这次的四校设计交流，还让我感受到了各个兄弟院校的特点和优势。第一次接触城市设计，短短两个月时间便让我对城市设计有了自己的见解。感谢各个兄弟院校老师的悉心教导以及热情招待，希望我们在筑梦之路上越走越远。

建筑学院
COLLEGE OF ARCHITECTURE

适应·更新
内蒙古工业大学建筑馆
旧厂房改造扩建·2011

内蒙古工大大建筑设计有限责任公司

## 1 院长寄语

**内蒙古工业建筑学院院长：贾晓浒**

在此次北方四校联合城市设计中，四校的教师和同学们都投入了非常多的热情与精力。济南商埠历史核心区保护与更新设计具备一定的挑战性。对于历史建筑的保护、城市老区活力的注入、肌理与文脉的延续等一系列的挑战，都使得参与的同学们经历了一个从了解到适应再到熟悉的过程，最终主动寻求解决的方案。四校同学之间不同的想法，不断地左右着设计工作的进程，整个基地的复杂性与综合性也在增加难度的同时大大增加了工作量。好在四校同学积极地应对，在试错的同时不断完善自己设计的理念，整体结果远超预期。

在完成教学任务的同时，各校师生间也加深了了解，全方位地进行了交流与学习，对于各校本身的课程设计以及教学任务，也积累了大量的经验财富。着实感谢所有参与的师生。

## 2 指导教师感言

**内蒙古工业大学导师：范桂芳**

四校联合设计历时十周，每个时间节点记忆犹新。拿到任务书，对济南商埠区的历史风貌现状充满期待，同时也感受到巨大压力；现场的调研，兴奋得忘了劳累，行走在街道上，既体验着周边人们的生活，又在想象着商埠区曾经的繁华；调研汇报，四个学校的同学们展示着自己对商埠区独特的理解，或关注历史沿革，或关注地域文化，或关注生活场景，丰富的视角、自信的表达，感慨于四校师生的努力和辛苦付出；中期答辩，已有寒意的呼和浩特抵挡不住四校师生的热情；源于山东建筑大学独具文化底蕴的选题，源于北方工业大学师生们展示出的超常设计理念和贾东院长的到位点评；成果汇报，齐聚北京，将四校学生十周的设计成果共同呈现。这些成果包含着同学们的辛苦工作，这些成果包含着老师们的悉心指导。四校联合设计，让我们获得了新的设计理念、新的教学启发、校际的学术交流，教学相长，永远在路上……

**内蒙古工业大学导师：郝占国**

四校联合设计已成功举办过两届。四校联合城市设计促进了各个院校教学的交流，同时也开阔了同学们的专业视野，扩大了他们的交往空间，使各个院校的老师和学生受益匪浅。从工业遗产的再利用到历史文脉的延续，每一次关注点的转换都让我们重新思考当时当地的发展和成长，同时我们也得到一定的成长。让我们期待下一次的相聚。

**内蒙古工业大学导师：杨春虹**

四校师生再度聚首，继续推动联合教学向前发展，气氛融洽而温暖，宛如一个大家庭的又一次团圆。无论是探讨工业遗存的改造与利用，还是关注城市历史街区的复兴与发展，我们都在合作中汲取了营养，在交流中收获了知识。当我们徜徉在商埠区的历史街巷、漫步在辉腾锡勒的辽阔草原，抑或是在教室内紧张严肃地方案答辩、会议室中热烈愉快地教学研讨，共同的目标和对教学的热爱始终是我们联合在一起的纽带。祝福我们的大家庭和谐美满，也祝愿北方四校联合教学能够蒸蒸日上、不断发展壮大！

# 山东建筑大学

一组：付　瑜　孙艺玮　李凌娜　王晓鹏

二组：石　佳　郭　怡　刘晓芳　于善政

三组：田圣民　张　蒙　岳彦婷　王心慧

指导教师：高晓明　任　震

# URBAN RENEWAL 城市针灸
# URBAN ACUPUNUTURE

JINAN　　COMMERCE　　REGION　　URBAN　　DISIGN
济　南　商　埠　区　城　市　设　计

**产业策划**
INDUSTRY SCHEME

济南商埠区作为历史上的商贸繁荣区如今随着时代的发展逐渐落没，曾经着西市场、万达商城及老城广场商区的冲击。在快餐式消费的背景以及代如何发展商埠区特色、如何振兴商埠区成为亟待解决的问题。

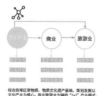

综合商埠区非物质、物质文化遗产基础，策划发展以文化产业为核心，商业旅游业为辅的"1×2"产业模式。

**体验式商业**

**商埠区体验式商业发展模式**

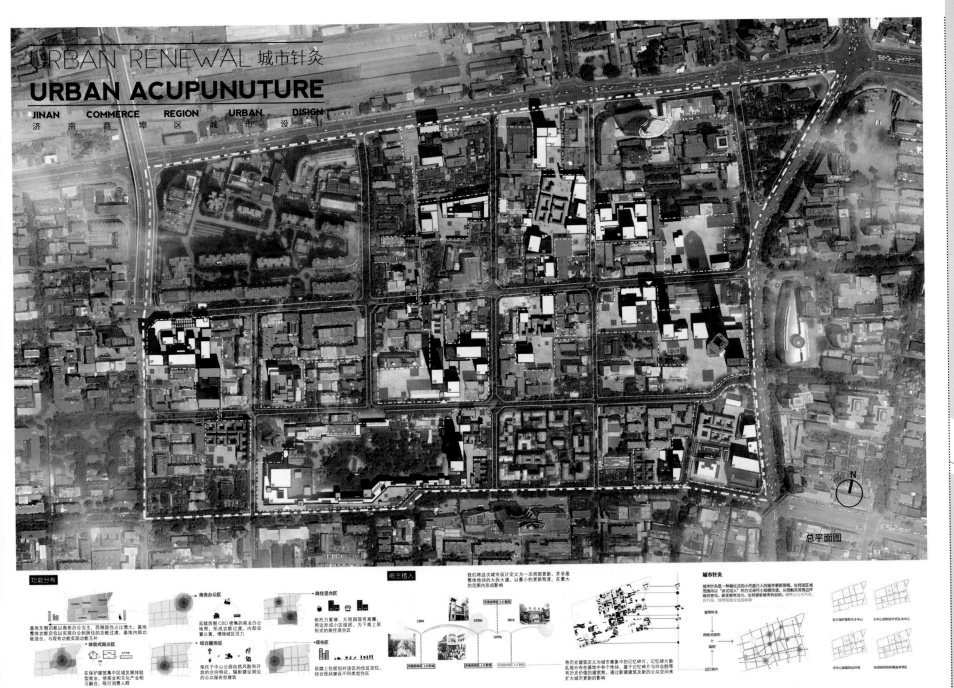

# URBAN RENEWAL 城市针灸
# URBAN ACUPUNUTURE
**JINAN COMMERCE REGION URBAN DISIGN**
济南商埠区城市设计

总平面图

山东建筑大学一组

# URBAN RENEWAL 城市针灸
## URBAN ACUPUNUTURE
JINAN COMMERCE REGION URBAN DISIGN
济南 商埠 区 城市 设计

## 用地划分

拆除 | 保留

IV级价值较低
III级价值一般
II级价值较高
I级历史建筑

根据需要进行拆除 | ①完全保留②功能置换③局部改造 | ①完全保留②局部改造

判断依据
①建筑质量
风貌、年代
②建筑价值
·形式——四合院、各楼、大型办公建筑……
·功能——住宅、办公、商业……

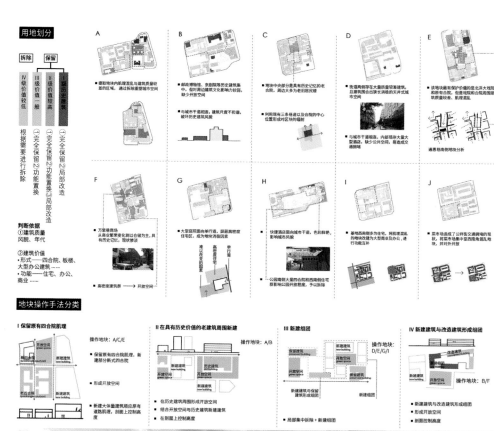

A ■ 提取地块内肌理混乱及有建筑质量较差的区域，通过拆除重塑城市空间
■ 与城市干道相连，建筑尺度不和谐，破坏历史建筑风貌

B ■ 邮政博物馆、京剧院等历史建筑集中，但对周边建筑文化影响力较低，缺少开放空间

C ■ 地块中部分具有历史记忆的老合院，周边大多为老旧民楼
■ 利用现有三条巷道以及合院的中心位置形成对区块的辐射

D ■ 街道两侧存在大量抢夺策建筑，沿其街区合院伴随长消极的开敞式城市空间
■ 与城市干通相连，内部塔存大量大型建筑，缺少公共空间，易造成交通拥堵

E ■ 该地块暴露有保护价值的是北洋大戏院和影剧有合院，但是垃圾和合院周推建筑质量较差、肌理混乱

通惠巷南侧地块分析

F ■ 万紫巷商场，从商业繁荣变实到以合储为主，具有历史记忆，现状凋零
■ 高密度建筑群 → 开放空间

G ■ 大型庭院面向单行道，屏蔽高密度住宅群，成为地块内消极因素
■ 待改造的区院分析

H ■ 快捷酒店面向城市街区，色彩鲜艳，影响城市界面
■ 公园南侧大量四合院和西南侧住宅群影响公园开放程度，予以拆除

I ■ 基地南向多为住宅，将此生混建为大型商业与办公，进行功能互补

J ■ 垃圾市场成了公共街交通拥堵的堵点，将垃圾市场集中至西南角落地块，并对外开放

## 地块操作手法分类

I 保留原有四合院肌理
操作地块：A/C/E
■ 保留原有四合院肌理，新建部分新式合院
■ 形成开放空间
■ 新建大体量建筑顺应原有道路肌理，剖面上控制高度

II 在具有历史价值的老建筑周围新建
操作地块：A/B
■ 在历史建筑周围形成开放空间
■ 结合开放空间与历史建筑新建建筑
■ 在剖面上控制高度

III 新建组团
操作地块：D/E/G/I
■ 局部集中拆除+新建组团

IV 新建建筑与改造建筑形成组团
操作地块：B/F
■ 新建建筑与改造建筑形成组团
■ 形成开放空间
■ 剖面控制高度

分析图解

| | Block A | Block A+Block B | Block B | Block B+Block C | Block C | Block C+Block D、E | Block D、E | Block D、E+Block F | Block F |
|---|---|---|---|---|---|---|---|---|---|
| 用地范围 | | | | | | | | | |
| Step 1: 拆除建筑 | | | | | | | | | |
| Step 2: 限定要素 | | | | | | | | | |
| Step 3: 体块置入 | | | | | | | | | |
| Step 4: 空间优化 | | | | | | | | | |
| Step 5: 功能植入 | | | | | | | | | |

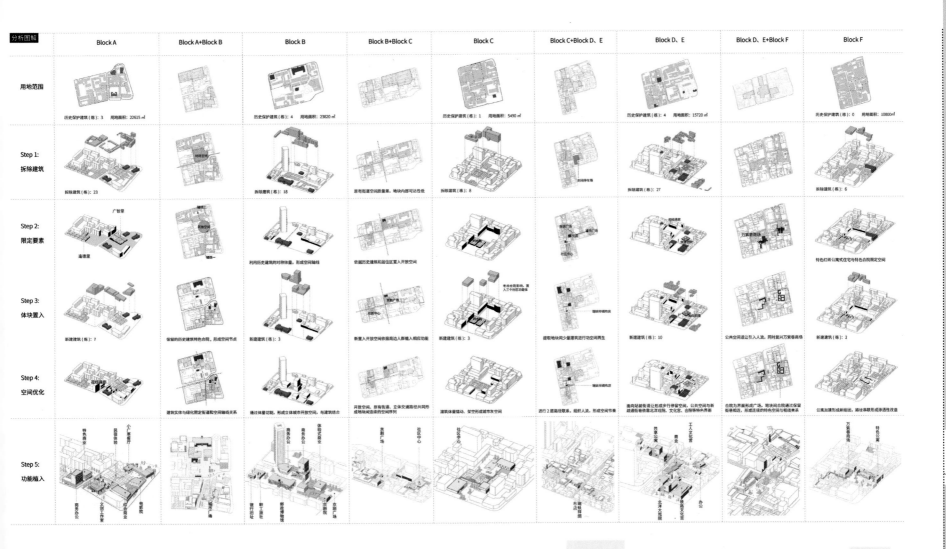

用地范围：历史保护建筑（栋）：3　用地面积：22615㎡ / 历史保护建筑（栋）：4　用地面积：23620㎡ / 历史保护建筑（栋）：1　用地面积：5490㎡ / 历史保护建筑（栋）：4　用地面积：15720㎡ / 历史保护建筑（栋）：0　用地面积：10800㎡

Step 1：拆除建筑（栋）：23 / 拆除建筑（栋）：18 / 原有街道空间质量差，地块内部可达性低 / 拆除建筑（栋）：8 / 拆除建筑（栋）：27 / 拆除建筑（栋）：6

URBAN RENEWAL 城市针灸
**URBAN ACUPUNUTURE**
JINAN COMMERCE REGION URBAN DISIGN
济南商埠区城市设计

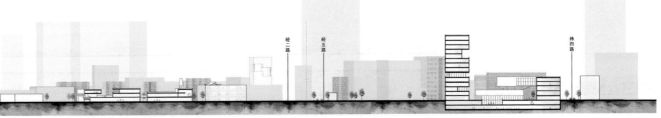

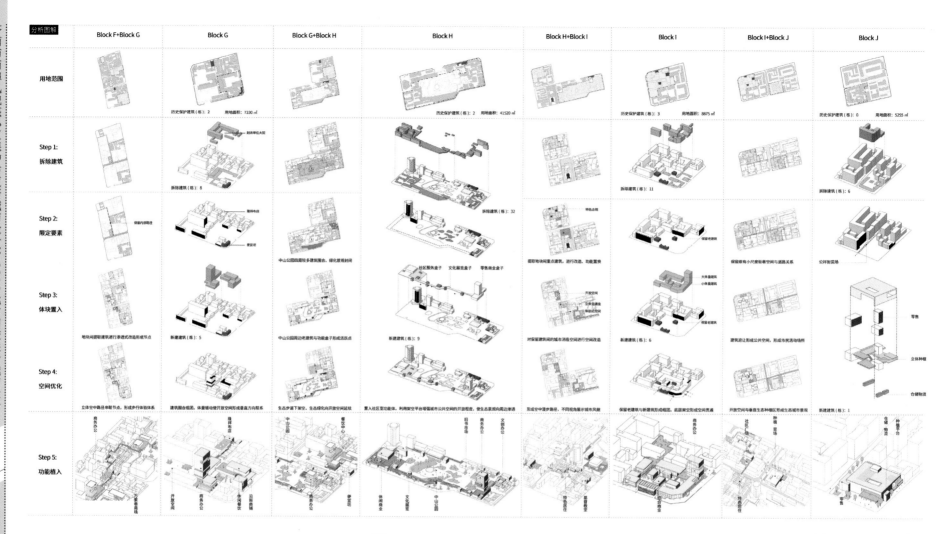

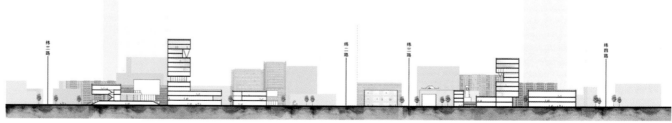

# URBAN RENEWAL 城市针灸
# URBAN ACUPUNUTURE
**JINAN COMMERCE REGION URBAN DISIGN**
济 南 商 埠 区 城 市 设 计

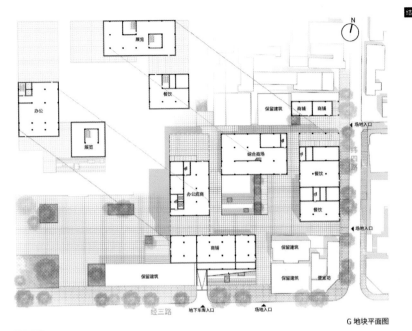

G 地块平面图

**数据指标**

功能类型面积占比

| | | | | | |
|---|---|---|---|---|---|
| A | 12.3% | 11.5% | 18.3% | 13.7% | 44.1% |
| B | 7.7% | 36.5% | 9.4% | 29.7% | 11.4% |
| C | 19.1% | 4.6% 5.6% | 65.9% | | |
| D | 26.1% | 50.6% | 18.6% | | |
| E | 7% | 37.1% | 23.4% | 27.5% | |
| F | 8.8% 5.5% 12.4% | 70% | | | |
| G | 6.7% 8.4 | 27.6% | 19.2% | 35.9% | |
| H | 7.5% | 28.4% | 34.8% | 21.2% | 7.4% |
| I | 6.8% 10.7% | 75.0% | | | |
| J | 5.5% 10.8% | 78.3% | | | |

各类数据

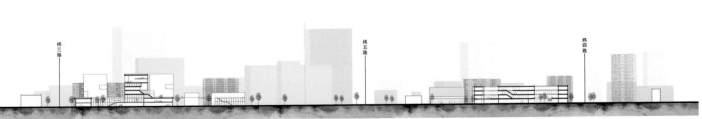

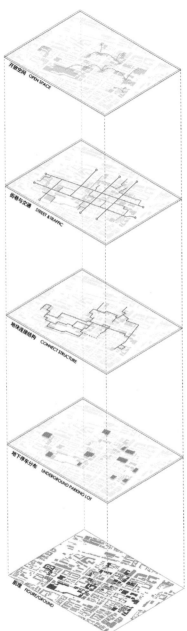

**结构分析**

开放空间 OPEN SPACE

街巷与交通 STREET &TRAFFIC

地块连接结构 CONNECT STRUCTURE

绿地率 GREENLAND RATE

地下停车分布 UNDERGROUND PARKING LOT

肌理 FIGURE/GROUND

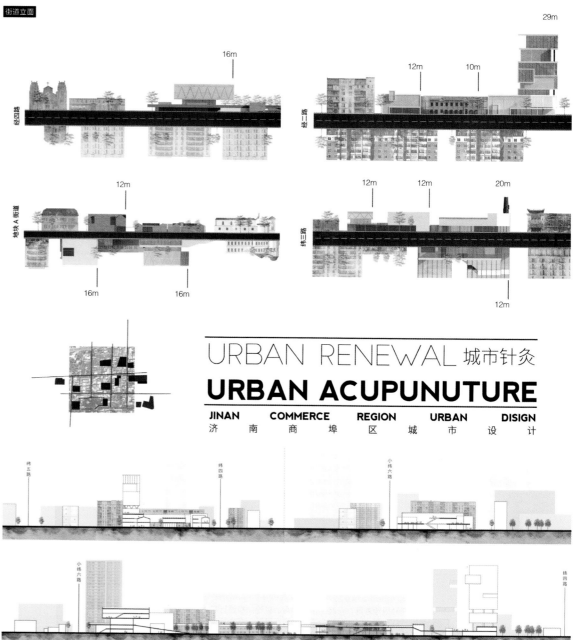

街道立面

# URBAN RENEWAL 城市针灸
# URBAN ACUPUNUTURE
**JINAN COMMERCE REGION URBAN DISIGN**
济 南 商 埠 区 城 市 设 计

## 指导老师介绍

**高晓明**

职称：讲师、硕士生导师
学位：建筑学博士
专业：建筑设计及其理论

科研方向：
城市形态与城市设计理论
现代建筑空间设计与理论

科研项目：
（1）国家青年自然科学基金项目：基于资源循环代谢的城市基础设施和空间形态耦合生成与优化设计研究，在研，主持。
（2）山东省自然科学基金青年项目：基于资源循环代谢的城市街区生态单元模块研究，在研，主持。
（3）国家青年自然科学基金项目：基于详细规划层面的临街住区声环境控制研究，在研，参加。

主持国家青年自然科学基金项目1项、山东省自然科学基金青年项目1项、其他级别的科研项目3项；同时，作为主要成员参与国家级科研课题3项。学术方面，先后以第一作者在国内核心期刊和学术会议上发表相关学术论文11篇，其中EI/ISTP检索2篇。此外，实践方面，主持或参与不同级别的城市设计和建筑设计项目20余项。

## 小组成员介绍

**个人感想**

**付瑜**
建筑131

初次接触城市设计，我们一起从迷茫到顿悟，学习如何从"轴核群架皮"进行具体的城市设计，学习理性地进行社会学问题分析，学习设计不仅是创造丰富的物质空间更需多角度考虑。在与不同学校老师、同学一起交流讨论中，彼此看待问题视角的多元化与解决问题的不同途径也让我收获颇多。感谢小组共同的努力与老师的付出。任重道远，继续前行。

**孙艺玮**
建筑131

学习城市设计，让我对建筑的理解上升了一个层次，更加注重对公共空间的创造以及从城市的角度思考建筑问题。更要感谢组员和我们的指导老师，大家一起讨论、一起工作让画图再不孤单了。借这次机会也认识了很多兄弟院校的同学们，看到了不同院校的风景，以后仍需努力吧。

**李凌娜**
建筑131

在这次设计中，从下手到思路渐渐清晰，在老师的帮助下我们对城市设计的理解逐渐深刻，明白现有城市环境如何决定建筑的体形和体量，学会利用建筑的体量错动营造垂直的城市公共空间。过程给我带来丰富的经验，结果让我拥有深刻的记忆。

**王晓鹏**
建筑132

感谢组员和我们的指导老师，一起工作、学习、讨论。在设计思想上更加注重对于城市空间的思考与感悟，以一种社会责任去进行设计。高老师直言不讳、率真的性格给我留下了深刻记忆。联合设计带给我们的是不同的思路、不同的风景、不同的收获，感谢这两个月来共同的付出，一分耕耘，一分收获。

# URBAN RENEWAL 城市针灸
# URBAN ACUPUNUTURE

| JINAN | COMMERCE | REGION | URBAN | DISIGN |
|---|---|---|---|---|
| 济南 | 商埠 | 区 | 城市 | 设计 |

## 过程及心得

### 前期分析

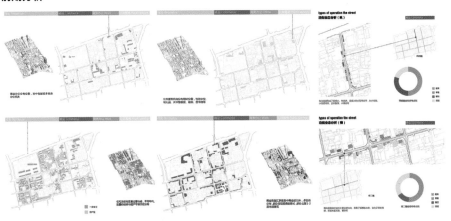

第一次来到济南商埠区调研，我们便感受到商埠区独特的历史文化氛围，印象最深刻的是小尺度街巷空间独特的行走体验、济南市区内最后遗留下的院落生活、遗留在各个角落的历史建筑，这让我们联想到北京的四合院、上海的里弄，与之相比，在城市化的进程中，商埠区虽然被保留，却没有得到适宜的保护。

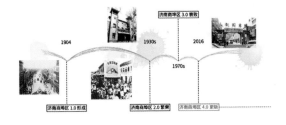

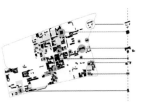

# 过程及心得

## 前期分析

前期调研我们小组的主要任务是研究商埠区的物质空间，因此我们对基地中原本存在的建筑群体更为关注，对建筑年代、建筑功能、建筑质量等进行了客观的判断和统计。基于这些认知我们初步判断，这一次的设计不是进行大拆大建，将自己的设计生硬地塞入整个商埠区中，而是基于客观的分析进行小尺度的介入。

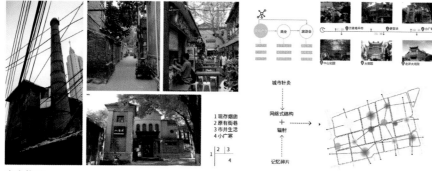

1 现存烟囱
2 原有街巷
3 市井生活
4 小广场

城市针灸
网络式结构 + 辐射
记忆碎片

## 方案构思

方案初期也经历了困惑和迷茫，但在初步的调研分析及产业策划后，我们将问题锁定在如何在继承中保护更新商埠区，如何将这些物质文化遗产、非物质文化遗产注入我们的设计中。因此在最初地块选择时，我们抛开了传统的选取某几个连续地块的方式，而是将设计范围扩展到整个商埠区，选取每一地块中亟待更新的地方进行改造或重建。在此过程中，我们分工对每一个地块的建筑进行客观分析，最后得出拆除、保留、新建的建筑，这也是这个阶段工作量最大的部分。

在了解到巴塞罗那城市更新中所使用的"城市针灸"理论之后，我们将这一概念加入设计思考之中，企图以一种催化式的小尺度介入城市更新策略，在特定区域范围内以"点式切入"的方式进行小规模改造，从而触发其周边环境的变化，激发城市活力，达到更新城市的目的。

URBAN RENEWAL 城市针灸
# URBAN ACUPUNUTURE
JINAN    COMMERCE    REGION    URBAN    DISIGN
济  南  商  埠  区  城  市  设  计

## 中期汇报

关于策划、概念的前期工作我们查阅了很多资料，探讨了很久，以致中期汇报的时候关于具体的方案我们只确定了改建的地块以及大的设计思路，没有涉及每一地块的具体建筑形态。结合各校老师提出的问题和建议，以及我们自己的反思，可总结为以下几点：

1. 过于注重对地块内部建筑的关注，缺乏对街道的处理和关注；
2. 过于强调交通联系，没有建立真正的结构体系；
3. 未做手工模型。

## 方案细化

从内蒙古回来后，结合中期提出的问题及自己的反思，我们加快了设计的进度。在引入价值判断提取地块后，我们按照地块特点进行分类，结合对城市公共空间的思考来探寻地块内部的具体操作手法。在对每一地块和地块之间的连接空间进行深入设计的过程中，高老师一直强调手工模型的重要性，通过模型指导我们推敲每一个地块建筑的高度、形态、组合方式，利用建筑体量错动营造城市空间。所选地块数量较多且分布范围较广，给我们的方案设计、模型制作、图纸表达都增加了一定的难度。

## 终期成果

最终答辩是对城市设计过程的总结与反思。我们在SWOT分析的基础上，从产业策划切入，将商埠区定位为以文化产业为主体进一步带动商业、旅游业发展，通过对老建筑和特色合院空间等记忆碎片的提取，以"城市针灸"的方式小尺度介入地块内部。通过小规模的改造、重建，对城市物质空间进行梳理，并对周边地块形成"触须"影响，最终形成网络状的空间结构，逐步地、微创地实现商埠区的城市更新。

在最终答辩中，各校老师也给我们提出了建议，促使我们进一步提高：

1. 图纸、汇报对前期调研分析内容没有涉及；
2. 过于强调具体地块的操作方法，对地块之间的连接空间未详细介绍；
3. 最终形成的网状整体空间结构表达不明确。

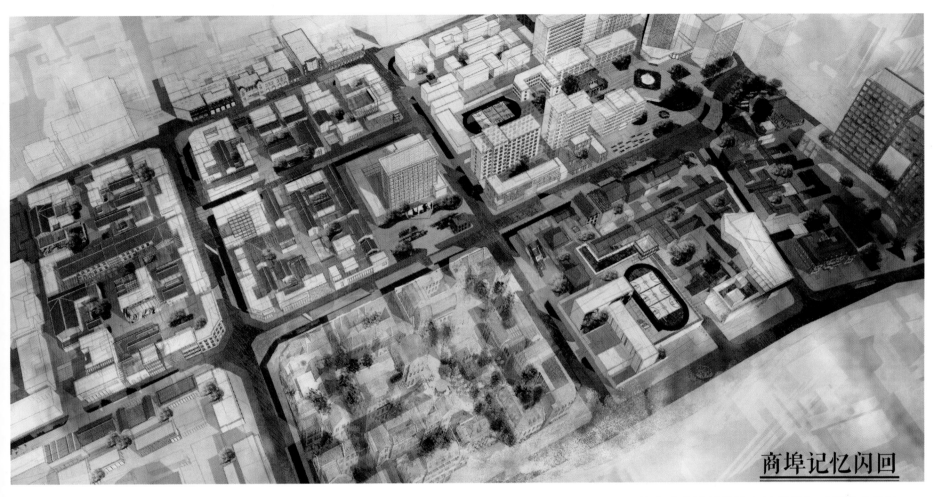

# 商埠记忆闪回

## ——济南市商埠风貌核心区保护与更新城市设计

风貌建筑重视不足，大多现状破败，亟待发展；街区环境较差，门市混杂，商埠失去活力；各种加建扩建使建筑质量良莠不齐，很多甚至不符合改造条件。

**新旧商埠**

# 商埠记忆闪回

## ——济南市商埠风貌核心区保护与更新城市设计

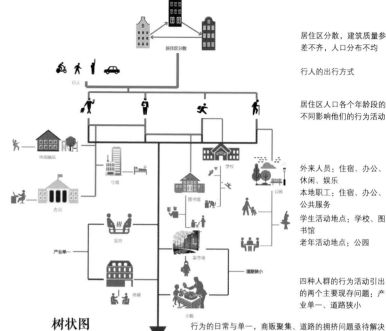

居住区分散，建筑质量参差不齐，人口分布不均

行人的出行方式

居住区人口各个年龄段的不同影响他们的行为活动

外来人员：住宿、办公、休闲、娱乐

本地职工：住宿、办公、公共服务

学生活动地点：学校、图书馆

老年活动地点：公园

四种人群的行为活动引出的两个主要现存问题：产业单一、道路狭小

### 行为活动

行为的日常与单一，商贩聚集、道路的拥挤问题亟待解决

**商圈的没落**

商业重心偏移，商场逐渐被小商铺及公共建筑替代。

**学校的变迁**

随着其他高等学校的发展，生源流失严重，学校降级。

**公共建筑的更新**

图书馆没落与降级，从市图书馆变成儿童图书馆。

### 价值分析

保留原有部分建筑物，包括风貌建筑、政府单位、学校等建筑物。

改造部分建筑物，对立面保存完整的风貌建筑进行改造及功能置换。

拆除破败、空间质量差的建筑物，包括年久失修的建筑及棚户区。

### 城市道路

**经三路**

人行道狭窄，商铺侵占人行道；周边多生活地区，摊位增多。

**纬二路**

树种在人行道中间，增加了危险性，极大地降低了街道活动的可能性。

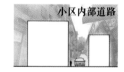

**小区内部道路**

道路狭小，人车混行增加了危险性，商铺闭塞，基本为内部服务。

### 基地功能分析

基地内老建筑线性分布，多位于经二、经三路沿街两侧。

商业除融汇商业区外，多沿街分布，部分呈现底商形式。

公共服务分散，包括学校、幼儿园、医院、剧院等。

商业办公分散，包括较多的政府部门及机关单位。

住宅为最主要的功能，不同年代、质量的住房与棚户交错。

◄——►城市一级道路　◄——►城市三级道路

◄——►城市二级道路　◄——►城市四级道路

———— 主要道路

·········· 单行道路

# 商埠记忆闪回

——济南市商埠风貌核心区保护与更新城市设计

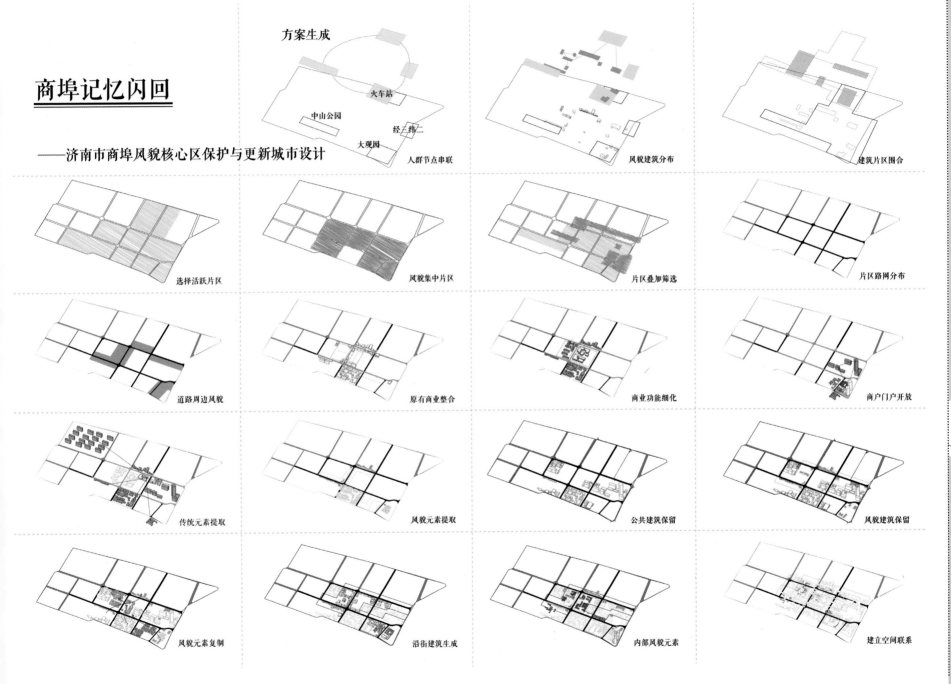

方案生成

人群节点串联

风貌建筑分布

建筑片区围合

选择活跃片区

风貌集中片区

片区叠加筛选

片区路网分布

道路周边风貌

原有商业整合

商业功能细化

商户门户开放

传统元素提取

风貌元素提取

公共建筑保留

风貌建筑保留

风貌元素复制

沿街建筑生成

内部风貌元素

建立空间联系

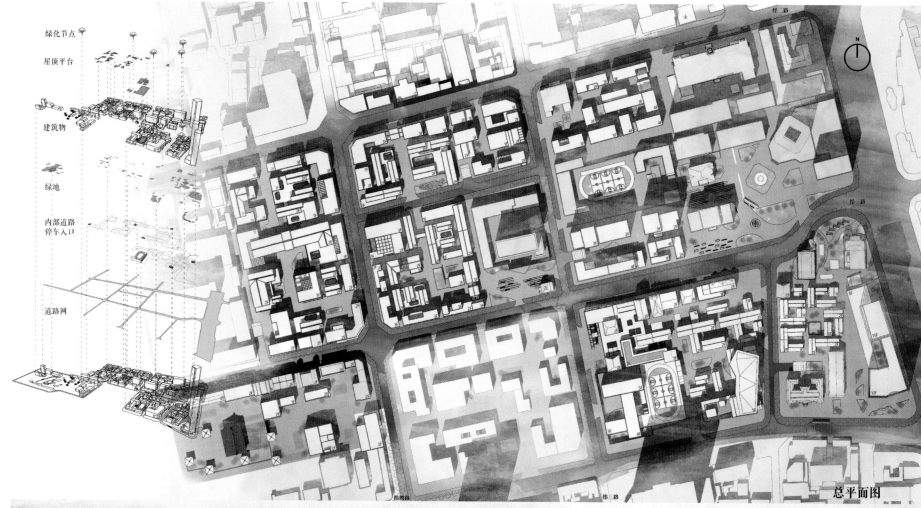

绿化节点

屋顶平台

建筑物

绿地

内部道路
停车入口

道路网

总平面图

# 商埠记忆闪回

## ——济南市商埠风貌核心区保护与更新城市设计

| | 用地面积(m²) | 建筑面积(m²) | 建筑密度 | 容积率 | 平均层高(m) | 停车位(个) | 绿地面积(m²) | 绿地率 |
|---|---|---|---|---|---|---|---|---|
| A | 15342 | 11151 | 27.93% | 0.727 | 2.56 | 80 | 555 | 3.60% |
| B | 21248 | 17497 | 36% | 0.823 | 2.16 | 0 | 917 | 4.30% |
| C | 19175 | 18583.5 | 47.34% | 0.969 | 2.13 | 100 | 1060 | 5.60% |
| D | 19480 | 6750 | 17.32% | 0.347 | 1.92 | 0 | 1106 | 5.70% |
| E | 20534 | 34311 | 22.18% | 1.671 | 2.48 | 150 | 1802 | 8.80% |
| F | 24872 | 16937.5 | 27.76% | 0.681 | 1.91 | 80 | 1470 | 5.90% |
| G | 9688 | 8480 | 12.44% | 0.875 | | 4 | 1756 | 18.10% |
| 总 | 130339 | 113710 | 28.52% | 0.875 | 2.23 | 410 | 8696 | 6.68% |

技术指标

立面图

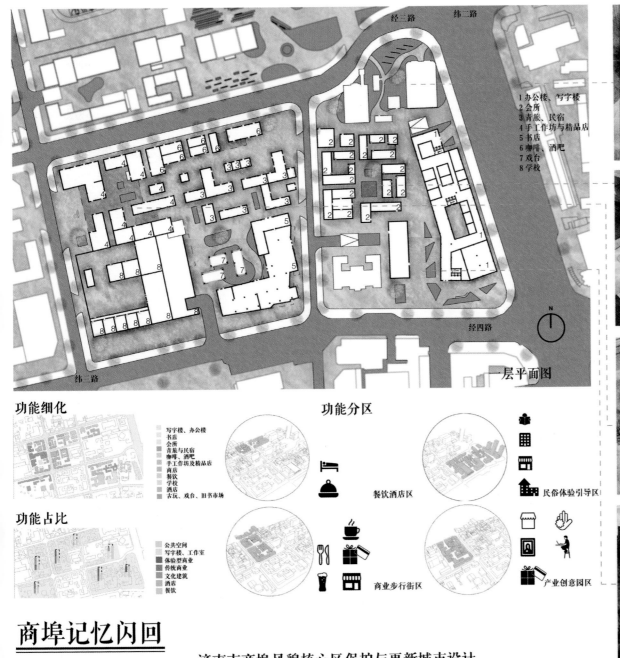

一层平面图

1 办公楼、写字楼
2 会所
3 青旅、民宿
4 手工作坊与精品店
5 书店
6 咖啡、酒吧
7 戏台
8 学校

## 功能细化

写字楼、办公楼
书店
会所
青旅与民宿
咖啡、酒吧
手工作坊及精品店
商店
餐饮
学校
酒吧
古玩、戏台、旧书市场

## 功能分区

餐饮酒店区

民俗体验引导区

商业步行街区

产业创意园区

## 功能占比

公共空间
写字楼、工作室
体验型商业
传统商业
文化建筑
酒店
餐饮

# 商埠记忆闪回
## ——济南市商埠风貌核心区保护与更新城市设计

1 商店
2 手工作坊及精品店
3 艺术机构
4 设计工作室

一层平面图

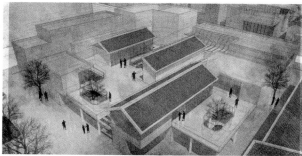

# 商埠记忆闪回

——济南市商埠风貌核心区保护与更新城市设计

## 基地现状

建筑的保留

建筑的改造

基地道路现状

新增步行流线

主要节点的引导

区域节点的引导

合院元素的提取

建筑联系的平台

## 新旧对比

基地原有道路

基地现有道路

基地原有绿化

基地现有绿化

基地原有公共空间

基地现有公共空间

基地原有肌理

基地现有肌理

## 步行系统

屋顶平台

上层联系系统

上层步行系统

绿地景观

文化节点

步行系统由建筑肌理内的绿地景观和文化节点为最初想法开始组织，上层有屋顶平台及廊桥联系建筑组团，形成整个上层步行系统。

首层步行系统

基本步行系统

建筑肌理

以原有建筑道路为基础，新增两条步行街，形成基本步行系统。

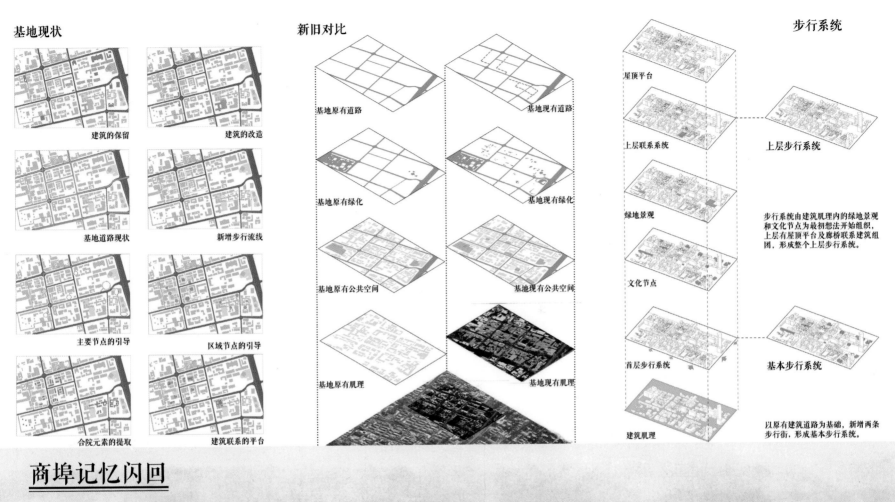

# 商埠记忆闪回

——济南市商埠风貌核心区保护与更新城市设计

剖面图

设计回顾

# 复原街市繁华，追忆商埠记忆
—— 济南市商埠风貌核心区保护与更新城市设计

## 开始

### ■ 指导老师介绍

任震
职称：副教授、硕士生导师、国家一级注册建筑师
职务：山东建筑大学建筑城规学院副院长
专业：建筑设计及其理论
研究方向：城市设计与公共空间景观特色

### ■ 小组成员介绍

石佳
爱好：约翰尼·德普、看电影、旅游、打游戏

郭怡
爱好：林俊杰的一切都喜欢，看书、旅游

刘晓芳
爱好：刷微博、逛街、看电影、音乐

于善政
爱好：打炉石、守望先锋、打球、看电影

### ■ 设计感悟

石佳：
最初参加四校联合课程设计是为了提高学习能力与设计水平，但通过与其他学校的交流发现思路不同、风格不同，使得最终的设计不同，更加深了我对设计的喜爱之情。

郭怡：
四校联合设计安排在大四上学期进行也是对我们前面三年学习生活的一个总结，这次能代表学校与其他学校交流对我也是一种激励，使我对今后的学习与生活充满热情。

刘晓芳：
能代表学校去做汇报对我来说是十分荣幸的，不管是在中期答辩还是最终答辩，都是快速提升自我水平的平台，不同的人有不同的看法，我从不同的想法中看到自己的进步。

于善政：
参加这次四校联合设计是一次难得的机会，通过汇报交流，能学习到其他院校的长处，开阔视野，取长补短，为以后的学习与设计积累了宝贵的经验。

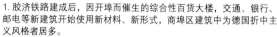

1. 胶济铁路建成后，因开埠而催生的综合性百货大楼，交通、银行、邮电等新建筑开始使用新材料、新形式，商埠区建筑中为德国折中主义风格者居多。

2. 单体建筑造型具有西方建筑文化的审美情趣，打破了原有建筑风格单一的特点，注重单体造型，增加可识别度，如银行、公共建筑等。

3. 城市商业建筑群产生。传统建筑的分散性布局难以满足工商业发展的需要，因此出现了不同功能与特点的建筑群体，带有浓重西洋色彩的建筑沿街林立，背靠传统的中式院进住宅，整体规划疏密有致。

### ■ 调研感想

100多年前，济南自开商埠，创造了近代中国内陆城市对外开放的先河，并极大促进当时济南的社会发展及城市化进程，成为清末城市"自我发展"的一个典范，见证了济南百年的沧桑沉浮。从白开商埠到历史重塑，济南老商埠凝聚着太多商业、文化、老字号留下的历史记号，见证了济南的城市发展和革新。

自20世纪80年代以来，济南经济再度实现了腾飞，如今经历过百年风云的济南城，又在新征途上迎接新挑战，以崭新的姿态和包容的态度创造"二次开埠"的新辉煌。

### ■ 调研感想

通过调研，我们发现济南老商埠区整体处于一种待更新的状态，个别地区在上位规划的指导下有了较大的改变，由原来老旧的砖房改为中西结合风格的房子，与原有房子的风格近似，并保留了原有的城市肌理，同时对它们进行了功能上的替换，使得该地区有了新的活力。

我们可以运用类似的手法，对其他地块进行改造，唤醒老商埠区的活力，使得商埠区再度繁华。

前期感想：在这次作业的开始阶段我们一直在学习城市设计的方法，与以往的建筑设计有些不同。我们组认为城市设计更像一次解题过程，需要考虑更多社会问题。在老师的指导下，我们逐渐找到了城市设计的分析方法，将调研方向定在社会现象的层面。随着我们对济南整个城市的了解渐渐深入，我们加入了更多对实际问题的考虑，所以这次设计从一开始就定下了切实可行、重在更新和复原的基调。

# 复原街市繁华，追忆商埠记忆

## ——济南市商埠风貌核心区保护与更新城市设计

# 生成

## ■ 过程手稿

## ■ 汇报过程

## ■ 成果模型

## ■ 思路提取

商埠区的现状让我们看到，风貌建筑的价值并没有得到充分发挥，老城区的衰败，表面上是因为城市的经济中心被转移，实际上，在其他地区都寻求发展的同时，老城区只是停留在原地，所以才会在时代的发展中慢慢退场。简单地说，能让整个城市的人甘愿付出交通成本去消费，一定是极具吸引力的东西。

不仅商业破败，生活在该地段的居民生活质量也亟待提高。

生活环境现状引发了我们对这类社会现状的思考：居住在市中心老城区的人们，是不是真的喜欢停留在这被遗忘的时光中？他们是不是也想要收入更高、居住空间更宽敞、楼下也能有个跳舞的小广场？我们身为商埠区的"过客"，也许会被午后阳光烘托下的旧时情怀打动，而对于生活在这里的人来说，这些只是平淡的生活场景，困扰他们的是狭窄的客厅，早出晚归的小本生意依然不景气，以及年轻人的离开。
所以当我们身为设计者，想要为这一城区做城市设计更新，也许需要关注这地区真正需要的东西：目光、活力、经济价值。

我们设计的目的，是用一种方式在提升风貌区的价值的同时，也能为当地居民带来收入和生活质量的提升。
让城区吸引目光，随之而来的就是商机，是客源增加，是政府拨款的投入。

## ■ 方案定位

有一点很有趣，就是商埠区的价值似乎远远不是我们所理解的德式建筑群那么简单，使用国内搜索引擎搜索"商埠区"，结果显示百分之八十都是济南商埠风貌区的相关内容，可见济南商埠风貌区可能是全国范围内商埠区的代表，这样极具特色的风貌区坐落在城区中心，如果我们不加以维护和利用，实在太可惜。
因此，我们把目光放在了商业上，我们希望将街区之外的人吸引来，为街区之内的人创造活力。整体来说，就是为整个城市提供一个情怀体验。这是一个切实可行的更新方案，也是我们这一次的设计思路。

分析国内商业区的定位现状，我们捕捉到几个关键词：年轻、文艺、情怀。
无论是大型商场还是创意街区，学生和白领都占据了消费群体的大部分，这个群体的特点就是，消费偏向于娱乐和体验，不易纠结于物价的合理性，舍得为情怀买单。现在国内二、三线城市文艺街区的特点，就是咖啡馆文化和精品文创店的兴起，其实很多店铺并不是艺术家在经营，而是已经成型的套路：店面的精致装修提高了普通商品的价格。我们认为这一点非常适合商埠区里的商户，是成本很低却极易转型的商业模式。

## ■ 方案中期

中期过程：构思落到实处之后，我们参阅了很多风貌区改造的案例，并且用大量的时间讨论不同片区的功能设置，每一部分的功能定位都是由街区活跃度、功能需求度、街区尺度、天际线、区位等多个限定合理推出的，凝聚了全组成员的心血。这个推演的过程是我们在这个作业中最大的收获，在以后的设计中，我们将更加重视使用者的体验。

中期汇报：前期的努力能够得到老师的鼓励和认可让我们有了信心，并且获得了去内蒙古工业大学作中期汇报、交流的机会，全组都很受鼓舞。内蒙古工业大学的建艺馆给我们留下了深刻的印象，不过印象更深的是不同学校的"学霸"们不同的设计思路，既有传统的设计思路，也有偏重数据化的分析，并且有很多很棒的设计构想，这些都给了我们更多的灵感和宝贵的经验，我们组的汇报排在最后一个，虽然时间仓促，但我们充分表达了偏重切实解决问题的设计理念，得到了很多老师的鼓励和认可。

## ■ 方案后期

后期过程：方案后期我们对选地边界进行了调整和优化，考虑之后拆除了更多待改建建筑，将各部分功能区细化。在建筑形式方面，为维持天际线的完整性，采用不同的手法将济南传统民居与商埠风貌进行融合设计，并赋予质感。我们希望打破不重视城市色彩的局面，将色彩方案加入考虑。我们认为以材质是将新旧建筑融合在一起的重要途径，使设计更无形。出于对更多实际问题的考虑，我们改造了学校、高层、停车场地等，并且挑选了一些有趣的建筑手法做出尝试，结合参考案例，为进一步建筑设计提供引导。

成果汇报：最后我们组获得了去北方工业大学作终期汇报的机会。虽然我们的方案还存在很多不足之处，但是还是得到很多老师的喜爱和认可，这让我们在这次作业中自始至终都能保持正确的设计方向，设计能力也得到提升。最后还是很感谢设计过程中得到的所有帮助和鼓励，能力提升的意义远大于一次设计作业的完成。

商埠风貌核心区保护与更新城市设计

交织·漫步

商埠风貌核心区保护与更新城市设计

交织·漫步

| | 用地面积（m²） | 建筑密度 | 容积率 | 平均层高（层） | 停车位数量（辆） |
|---|---|---|---|---|---|
| A | 20620 | 40% | 1.05 | 3.6 | 48 |
| B | 24821 | 40% | 1.87 | 3.4 | 50 |
| C | 25648 | 38% | 1.3 | 3.1 | 53 |
| D | 33063 | 53% | 2.9 | 5 | 87 |
| E | 33225 | 45% | 1.18 | 2.3 | 81 |
| F | 18864 | 52% | 1.52 | 3.7 | 52 |

## 设计说明

此次城市设计的基地位于山东济南商埠风貌核心区，通过对济南城区的整体考虑，我们将商埠区定义为慢式体验类文化消费区。在基地内部发掘与创建文化要点，组织交织的文化网络，以此网络结构来组织基地内部业态与空间结构，由散布的文化要点使人们的脚步慢下来，慢慢体会百年商埠的文化内涵，丰富商埠区的趣味性与空间体验，形成商埠自己的特色产业，由此复兴济南商埠区。

## 基地原状分析

**业态分析**

- 商业建筑
- 公共服务
- 办公建筑
- 校区住宅

**建筑遗产**

- 老建筑

**基地肌理**

- 保护较好肌理
- 保护较差肌理
- 建议保留肌理

**建筑体量**

- 15层以上建筑
- 5-15层建筑
- 5层以下建筑

**公共空间**

- 公共空间

**交通系统**

- 人行系统
- 公交系统
- 车型系统

# 商埠风貌核心区保护与更新城市设计

## 交织·漫步

## 生活网络结构

铁路文化欣赏
戏曲欣赏
传统手工艺体验
内河工艺消费
步行商业街
商业消费
中心公园
棋牌麻将娱乐
社区广场
林荫步道
休憩广场
临水生活体验
社区健身
慢生活教育
院落文化体验

## 文化街区结构

鼎力生命文化街
传统手工艺体验街
传统手工艺展街
泉水上街
传统手工艺体验节点
生态文化节点
内河文化展街
西式建筑文化节点
商业中心节点
展览集体验街
活动中心节点
文化教育节点
慢餐饮街
文化教育街
民间文化街
院落历史文化街
慢餐饮文化节点
传统院落文化节点
步行体验文化节点

## 商埠区与老城区

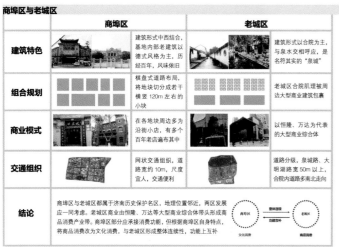

| | 商埠区 | 老城区 | |
|---|---|---|---|
| 建筑特色 | 建筑形式中西结合，基地内部老建筑以德式风格为主，历经百年，风味依旧 | 建筑形式以合院为主，与泉水相呼应，是名符其实的"泉城" | |
| 组合规划 | 棋盘式道路布局，将地块切分成若干横竖120m左右的小块 | 老城区合院肌理被周边大型商业建筑包裹 | |
| 商业模式 | 在各地块周边多为沿街小店，有多个百年老店遍布其中 | 以恒隆、万达为代表的大型商业综合体 | |
| 交通组织 | 网状交通组织，泉城路、道路宽约10m，尺度宜人，交通便利 | 道路分级，泉城路、大明湖路宽50m以上，合院内道路多南北走向 | |
| 结论 | 商埠区与老城区都属于济南历史保护名区，地理位置邻近，两区发展应一同考虑。老城区商业由恒隆、万达等大型商业综合体带头形成商品消费产业带。商埠区部分应承接消费功能，但根据商埠区自身特点，将商埠消费改为文化消费，与老城区形成整体连续性，功能上互补 | | |

文化消费 → 整体连续 功能互补 → 商品消费

## (中间文字)

英雄山文化市场为单一线性空间，前铺后店，人流量大，属于快速的消费文化经济。商埠文化区与此文化区形成空间、氛围互补之式。

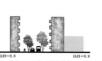 功能延续 空间互补

商埠区 慢速体验文化 ⇄ 英雄山 快速消费文化

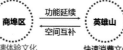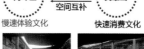

## 原街道尺度对比

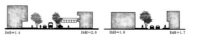

D/H值在0-1.5内，建筑过高，街道空间狭窄，空间的封闭感越强，缺口产生出入口的感觉，纵长而狭窄的空间有向前的动势。

D/H=0.8   D/H=0.8   D/H=0.6   D/H=2.8

D/H值在1.5-2.0内，封闭与开敞感不明显，构成适当，如果增加绿地或其他服务性小品，则生活气息浓厚。

D/H=1.4   D/H=2.0   D/H=1.8   D/H=1.7

D/H值在2.0-4.0内，空间的封闭性减弱，比例越大，开放感越强。宽敞而低矮的空间有水平延伸的趋势，产生开阔通畅感。

D/H=3.0   D/H=1.7   D/H=1.3   D/H=3.0

## 原建筑肌理

以融汇为代表的将院落空间转换为开放流动空间

以广智里为代表的传统封闭式院落空间

现代商业办公前的广场开放空间

现代居民楼单调的缝隙空间

相互依存的街巷与院落空间

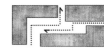
原有居民楼的特色围合开放空间

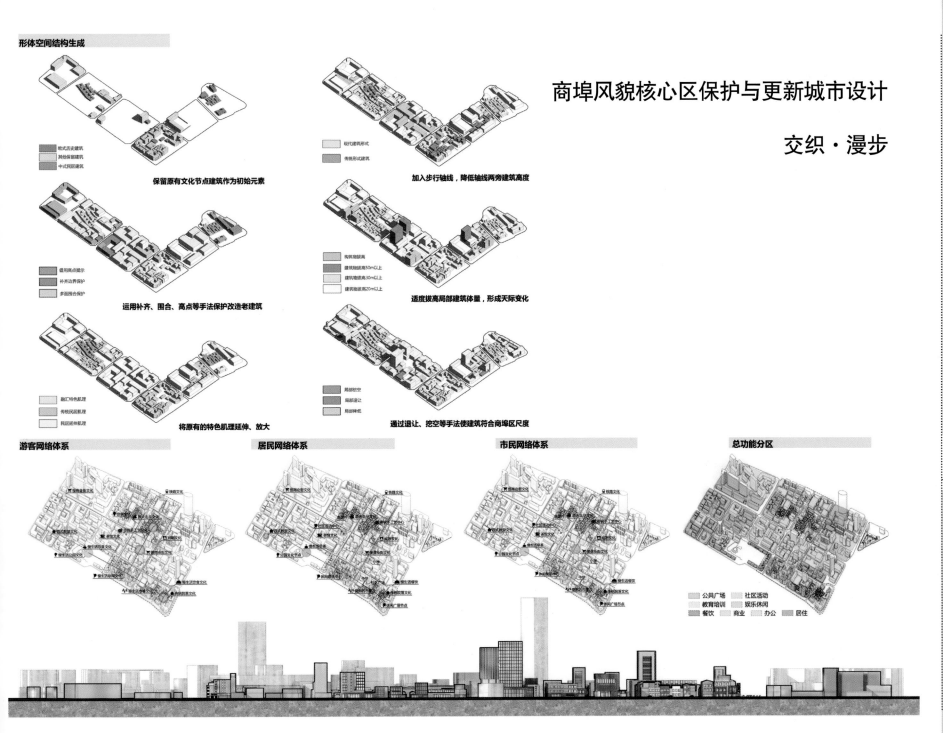

形体空间结构生成

商埠风貌核心区保护与更新城市设计

交织·漫步

欧式历史建筑
其他保留建筑
中式民居建筑

保留原有文化节点建筑作为初始元素

现代建筑形式
传统形式建筑

加入步行轴线，降低轴线两旁建筑高度

借用高点提示
补齐边界保护
多面围合保护

运用补齐、围合、高点等手法保护改造老建筑

构筑物拔高
建筑物拔高50m以上
建筑物拔高30m以上
建筑物拔高20m以上

适度拔高局部建筑体量，形成天际变化

融汇特色肌理
传统民居肌理
民居延伸肌理

将原有的特色肌理延伸、放大

局部挖空
局部退让
局部降低

通过退让、挖空等手法使建筑符合商埠区尺度

游客网络体系　　居民网络体系　　市民网络体系　　总功能分区

公共广场　社区活动
教育培训　娱乐休闲
餐饮　商业　办公　居住

山东建筑大学三组

济南市商埠风貌核心区保护与更新城市设计·2016北方四校联合城市设计

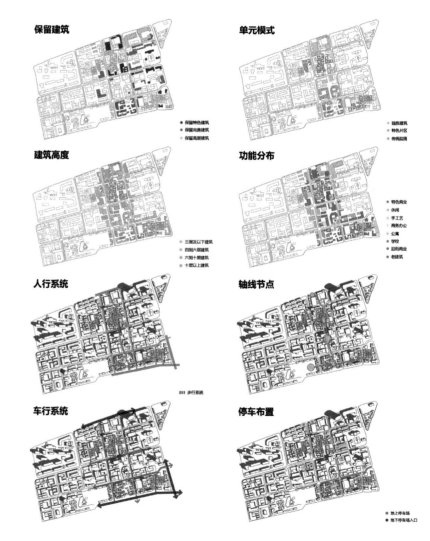

# 商埠风貌核心区保护与更新城市设计

## 交织·漫步

**保留建筑**

● 保留特色建筑
● 保留完善建筑
● 保留高层建筑

**单元模式**

● 拉练建筑
● 特色片区
● 传统院落

**建筑高度**

● 三层及以下建筑
● 四到六层建筑
● 六层到十层建筑
● 十层以上建筑

**功能分布**

● 特色商业
● 休闲
● 手工艺
● 商务办公
● 公寓
● 学校
● 沿街商业
● 老建筑

**人行系统**

⋯⋯ 步行系统

**轴线节点**

**车行系统**

**停车布置**

● 地上停车场
● 地下停车场入口

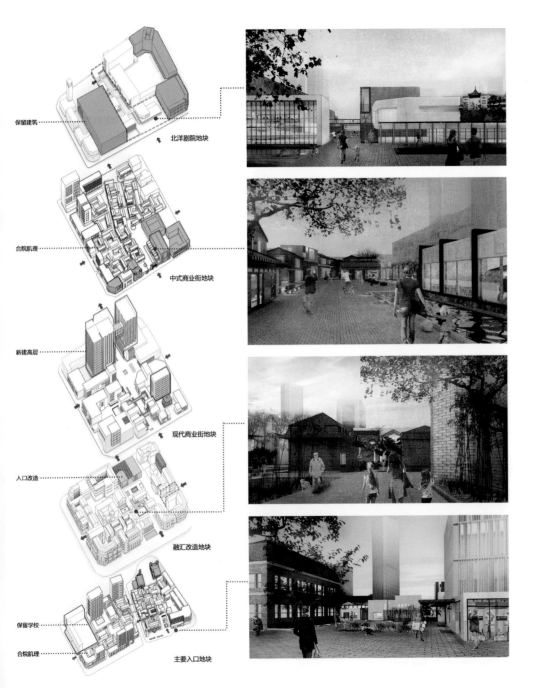

保留建筑

北洋剧院地块

合院肌理

中式商业街地块

新建高层

现代商业街地块

入口改造

融汇改造地块

保留学校

合院肌理

主要入口地块

# 商埠风貌核心区保护与更新城市设计

# 交织·漫步

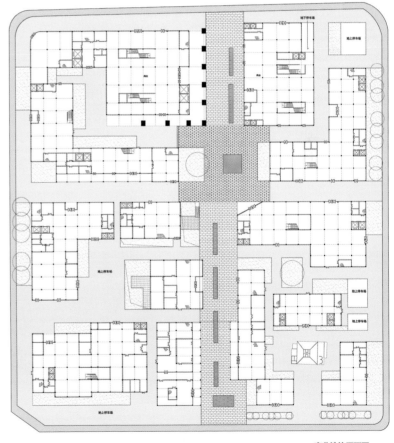

**商业地块平面图**

**步行系统节点透视**

加入休闲步行系统，配合绿植和水系，将各片区节点相连接。

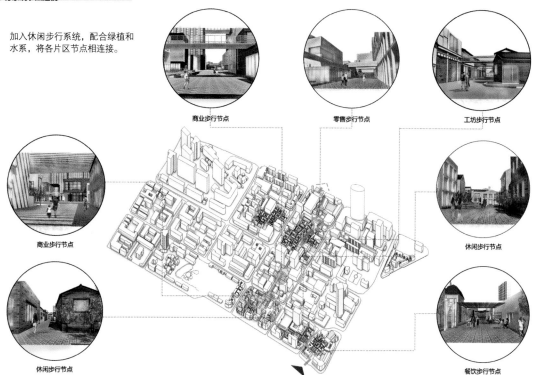

商业步行节点

零售步行节点

工坊步行节点

商业步行节点

休闲步行节点

休闲步行节点

餐饮步行节点

# 商埠风貌核心区保护与更新城市设计

## 交织·漫步

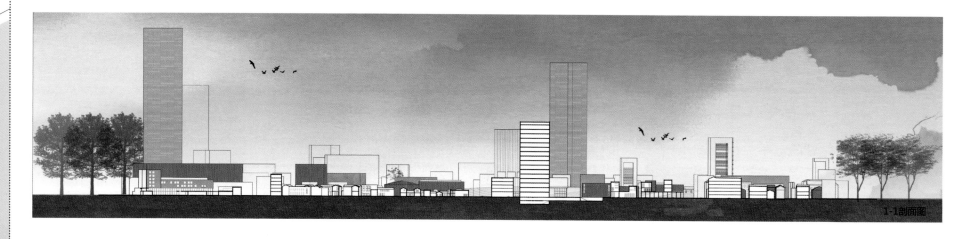

1-1剖面图

# 商埠风貌核心区保护与更新城市设计

## 交织·漫步

## 个人心得

**田圣民**
TianShengmin

历时一个月的作业，在不断的修改和提升中终于完成了。在这个时而紧张、时而无绪的过程中，是老师的鼓励和点拨为我打开了新的世界，是队友的相互支持给了我越战越勇的动力。在今后的设计生涯中，我将会更加孜孜不倦，使自己早日探究到更深层次的设计含义。

**张蒙**
ZhangMeng

通过这次的城市设计，我明白了建筑与城市的关系，能够用从城市空间、城市界面的角度去分析建筑，理解建筑。从室内到室外，从微观到宏观，从视角的转变到统一，我更深入地理解了建筑的含义、城市的含义。

**岳彦婷**
YueYanting

第一次的城市设计，是知识从无到有的过程；第一次的小组合作，是从喜欢独立到学会相互配合的改变。感谢勤勤恳恩的老师和任劳任怨的队友，是他们的支持和鼓励让我完成了一次完美的学习历程。

**王心慧**
WangXinhui

通过本次学习，我对城市设计有了初步的认识。在这一个月的时间里，从对这个作业的茫然、紧张到一步步地稳扎稳打，是老师的指导和队友的鼓励给了我动力。今后希望能始终遵从内心，怀着对设计不变的热情，不断在设计之路上探寻。

## 前期调研

初期调研，第一次步入商埠区，首先吸引我的就是其中极具西方特色的老建筑，悠久的历史和商业的背景，都使其与其他地区的建筑相比，别具一番风味。这些大体量的西式建筑讲述着片区的历史，低矮的坡屋顶砖房围合而成的特色院落展示着它独有的肌理，近代新建的高楼大厦描述着它的发展进程，而掺杂其中的破败房屋也预示着其改造的迫切。在进行城市设计的过程中，我们首先考虑了商埠区与老城区之间的区别和各自的特色。在我们看来，老城区的规划设计在一定程度上是成功的，因为其济南著名景点的现状与商圈的结合，无论是否为节假日，人流量都处于高值，从而带动经济持续发展。那么，商埠区是否适合复制老城区的大型商业模式呢？又该如何保护和发扬商埠区自己的特色？如何带动商埠区经济发展呢？这些都成了我们接下来需要考虑的问题。

## 方案构思

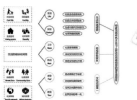

经过分析对比，我们将老城区定义为一种商品消费模式，而商埠区结合其特有的西式老建筑，总结为适合发展文化消费的模式，与老城区形成一种整体连续、功能互补的关系。既然将商埠区定义为文化消费，我们自然就联想到了济南现有的英雄山文化市场。经过对比分析发现，英雄山空间较为拥挤，是一种快速消费模式，而我们希望商埠区在将来可以形成一种体验式消费模式，最终与英雄山文化市场实现功能联系、空间互补。

之后我们将商埠区的现状进行了系统的分析，发现了其存在的一些问题，并通过前期对基地特色西式建筑和特色肌理的调研制定出了几条文化轴线，也形成了"文化交织"的设计概念和设计原则，即保护原有特色肌理，改造利用具有场景记忆的建筑，通过轴线定义和风格定位，规划了整个商埠区的功能分区与建筑的风格和高度。

中期有幸前往内蒙古与其他学校的同学和老师进行交流学习，期间获益良多。相比较之下，我们的工作量显得不够，老师也提出了文化交织概念不明确、中心广场过大、人群活动分析不够深入等问题。

## 终期

中期汇报回来后，我们针对出现的问题进行了积极的改正，首先根据基地现有状况明确了文化交织中的"文化"的具体指向，并进一步从当地及周边居民的活动出发，探究了基地内的生活网络。我们将进入基地的人群分为游客、居民（基地内居住人员）和市民（利用基地内基础设施的周边居住人员）三种，并分别对他们的行为活动进行了研究，根据研究后得出的文化与生活网络组织完成整个基地的详细功能分布，重新规划了基地中的人员组织流线。

以此在原有的设计原则的基础上，我们重新深化了设计概念：交织、漫步。"交织"指的是依附于各个带有历史记忆的文化节点上的业态穿插，"漫步"指的是基于商埠区特色肌理上的空间体验，以及符合基地现状的步行状态。随后我们根据火车站与大观园之间的联系，以及希望基地与老城区形成的互补关系，选择了能更好实现我们设计概念的自选地块。

## 生成过程

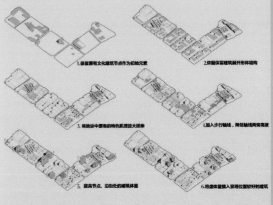

1. 保留原有具有文化建筑节点作为初始元素
2. 依据保留建筑展开形体结构
3. 将地块中原有的特色肌理放大延伸
4. 加入步行轴线，降低轴线两旁高度
5. 拔高节点、沿街处的建筑体量
6. 将虚体量插入景观位置较好的建筑

## 学习心得

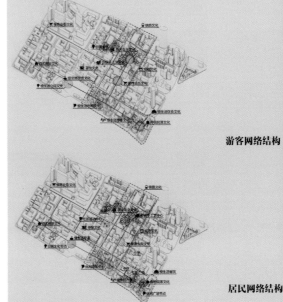

游客网络结构

居民网络结构

---

1. 保留原有具有历史记忆的文化节点建筑作为基本元素；
2. 运用补齐、围合、设置高点等手法，改建老建筑周围体块以达到保护、突出的目的；
3. 将保留下来的原有特色肌理进行优化放大；
4. 结合漫步理念加入步行轴，并降低轴线两侧高度；
5. 适当拔高部分建筑体量，形成天际线变化；
6. 采用退让、挖空等手法让建筑更符合商埠区原有尺度。

通过以上手法，自选基地内每一个地块中具有历史价值的老建筑得到了相应的保护、开发；商埠区的特色肌理得到了保留、扩大，并通过优化提高了原有居民的居住环境；对仍可以利用的建筑进行了改进，降低了开支；加入的高层提高了地块内的容积率，达到了经济的目的。

在设计的最初阶段，因为是第一次接触城市设计，总会遇到各种各样的矛盾与困难。课程结束后的最大收获，自然是对规划手法的熟悉与了解。从整个城市的宏观调控，到发掘基地本身的可利用价值，考虑如何保护、优化、发扬，再到研究基地使用人群的行为路径，从而更深入地从功能和空间体验上进行规划设计。每一步都是自身水平的提高，也是从懵懂无知到纠正错误，再到认识熟悉的过程。

第一次小组合作时，每个成员不同的想法激发了我们组整体的设计思路，但每个成员不同的行事风格同样也让成员之间产生了分歧，这时学会沟通就变得很重要。可以说这次设计课程给我们的收获不仅仅是知识上的，同样在如何分工合作、相互配合，达到团队最大效率上也是受益匪浅的。

最后要感谢张克强老师对我们的指导与帮助。在方案初期，他给予我们正确的整体引导，给我们详细讲解了城市设计的方法和内容，后期的深入环节，他纠正了我们对于规划的错误定位和想法，让我们取得了较好的成果。

## 院长致辞

北方四校联合城市设计的第二个年头，又是一次成功且精彩的联合教学活动。本次开题阶段由山东建筑大学建筑城规学院负责，是我们的荣幸。我们选择将商埠区这一极具历史意义的城市区域作为四校学生学习城市设计的载体，充分展现济南城市历史特色的同时，为学生带来意趣兼具的设计内容。通过本次设计引导学生了解了城市设计的基本概念、城市空间的要素，树立起全面整体的城市设计观念，提高城市设计理论水平。

在设计调研阶段，参加设计的四校师生就已表现出极大的学习热情，积极参与到实地调研和方案讨论中，为活动的成功举行起到了重要作用。设计初期，各校师生也能做到较以往更加充分地交流和探讨，在中期汇报时各校成果惊艳，不同学校的学生使用不同的设计方法和表现方法来展现自己的初步成果，各校师生在成果汇报中互相学习借鉴，取长补短，这对于所有人来说都是一次珍贵的学习机会。最终成果汇报圆满举行，在汇报中能看到各校师生都在这次活动中受益匪浅，尤其是学生能力的锻炼和提高。大家都表现出了较高的专业素质和业务素养，这一点正是四校联合城市设计活动举办的重要意义。

四校联合设计是一个平台，使学生思维开放，能够与更多不同学校的学生进行设计思路的交流和探讨，打开自身的眼界，促进设计能力的提升。学生们通过城市设计实践，掌握了城市设计的基本内容、方法和工作程序，训练了城市设计调研分析与设计实践技巧，提高了分析解决城市场所问题的能力和城市空间设计能力，并通过济南商埠风貌核心区保护与更新城市设计，探讨城市历史街区保护更新课题中的关键问题与解决的途径。

前期调研在济南商埠区开展，中期汇报在呼和浩特相约，终期答辩在北京精彩落幕，四所学校，三座城市，兄弟院校的同学们共同分析思考、讨论争执，兄弟院校的老师们相互学习、鼓励批评，无论是学生还是老师，在这些碰撞、交流体验中，都收获了一次难忘的设计经历。经过两个多月忙碌而充实的共同努力，本次联合设计顺利完成，取得了极佳的效果，同学们拓宽了视野，增长了经验，收获了友谊。

感谢北方工业大学建筑与艺术学院、内蒙古工业大学建筑学院、烟台大学建筑学院师生的辛勤努力，本次四校联合已成为一页精彩的篇章，期待2017年的北方四校联合设计更加精彩！

山东建筑大学建筑城规学院院长　仝晖

## 老师活动感想

从暑假伊始四校老师在济南共同商定题目，到开学以后在济南商埠区的实地调研，再到国庆节前呼和浩特的中期答辩，最后到11月份北京的终期汇报，四校老师、同学们在这些过程中共同交流、学习、切磋、进步，拓宽了视野，结下了很深的友谊。同学们在整个课程设计过程中的辛勤付出，相聚时的精彩展现和讨论，相互观摩、取长补短，以及评图时老师们的提问和点评，都给我们留下了难忘的印象，也使大家在此过程中共同提高。城市设计要关注人们的生活，要引领人们更好的生活方式，期待2017年有更加精彩的呈现！

——陈兴涛

多年来，济南老商埠的保护更新与复兴一直是一个富有挑战性的课题，四校的老师和同学为此付出了很大的热情和努力，从完成的设计成果中看到了不少亮点。同学们对商埠区的城市历史与现状环境进行了深入细致的调研分析，能够对设计任务作出较为准确的解读和定位，进而提出有针对性的策略和解决方案，各有视角，各有招数，展现了不少精彩的城市设计作品：有独特的创意构思，有严谨的逻辑推理，有得体的空间塑造，有精彩的展示答辩……联合设计教学促进了四校教师和学生的交流互动，达到了很好的教学效果。

——张克强

四校的联合教学是一个平台，更是一座桥梁，有助于相互间取长补短、促进交流和共同提高，同时也对四校的建筑学教育的改革与创新发展具有积极的推动作用。在这次联合设计中，大家积极思考，乐于尝试，从不同的视角解读题目。在最后的方案汇报中，各组同学有对方案的深度思考和对理念的充分表达，有对设计的创新和探索，有对方案的实践性与规范性的思考，也有对理念的落实和方案的逻辑推演，都得到了各校老师和同学的认同。从这次整个联合教学的过程来看，学生们的热情极高，思维敏捷、活跃，策略丰富多样，尝试用崭新的设计理念来表达丰富的思想内涵。愿逐步成熟的四校联合城市设计在来年取得新的突破。

——高晓明

# 烟台大学

一组：刘玉飞　王鹏程　黄丽妍　韩梦莹

二组：常雪石　范　勇　黄　元　王大智

　　　刘嘉祺

三组：田　川　吕林声　林逸恺　陆啓彦

四组：梁栋楠　李恒洋　王新同　王深程

　　　王伟光　吴素素　石晶君　张　琪

指导教师：贾志林　高宏波　李　芗　王　刚

　　　　　周　术　林为军　任书斌　鲁惠敏

# 济南商埠风貌核心区保护与更新城市设计

一 背景分析 二 专题研究

## 一 背景分析

### 1 区位

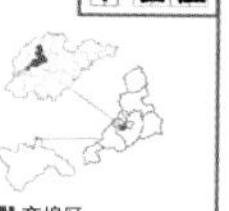

■ 商埠区：
济南市市中心区西北部
北邻胶济铁路
位于济南的核心位置
总占地 $70hm^2$
最早因胶济铁路繁荣
第一个自主开发的商埠

### 2 区域变革

济南市从清朝至今，经历了近百年的变迁

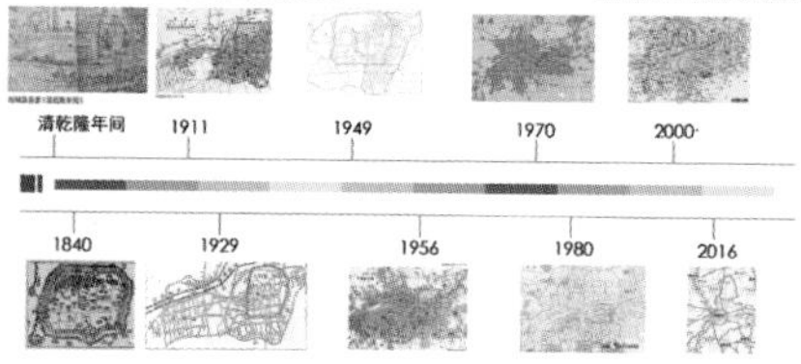
清乾隆年间
1911
1949
1970
2000
1840
1929
1956
1980
2016

### 3 商埠发展历程

1904年，胶济铁路建成通车，袁世凯、周馥上奏清政府拟请添开商埠，以扩利源。

1905年，济南出现近代史上第一家民族资本工业和自然博物馆，商埠区第一家戏院建成；关外创办第一家商场式市场、

1906年商埠东西约五里，南北约二里，共四千余亩。济南出现第一所外国洋行，第一家外国银行。

1918年，商埠区进一步扩大，商埠区发展为繁华之地。

1921年，商埠区进一步扩大。

1926年，胶济铁路以北被规划为北商埠。

1927年，成为山东的政治、经济、文化中心和交通枢纽，也是华北重要的物资集散地。

20世纪30年代后期，北商埠成为轻工业区，成为北方纺织业和面粉业的中心。

1938年，胶济路站并入津浦路站为济南火车站。是当年津浦路规模最大的火车站之一。

1948年，济南解放以后，计划经济体制的建立，商埠区的商业地衰落，商埠区成为以市民居住和工厂生产为主的城区。

20世纪80年代，商埠区重新走向开放。

20世纪90年代前半期，达到鼎盛时期，随后商埠区显露出衰老之态。

2005年9月28日，民间资本介入，老洋行焕发生机。

2009年8月，商埠区开始局部改造。

2011年，商埠风貌核心区保护与复兴城市设计编制完成。

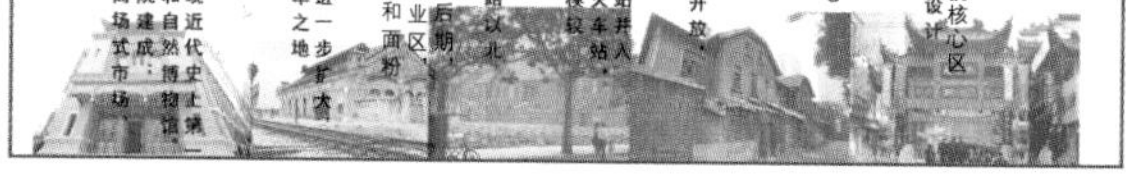

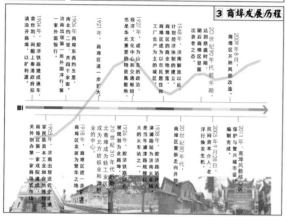

### 4 经济现状

■ 经济整体定位

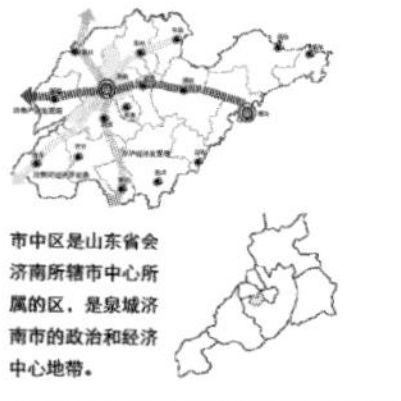

市中区是山东省会济南所辖市中心所属的区，是泉城济南市的政治和经济中心地带。

■ GDP数据

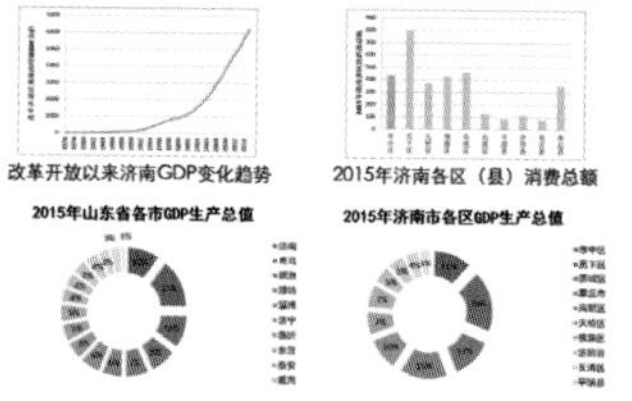

改革开放以来济南GDP变化趋势

2015年济南各区（县）消费总额

2015年山东省各市GDP生产总值

2015年济南市各区GDP生产总值

商埠区位于济南的市中区，在济南排位第四，济南市经济发展面临最大的问题：总量偏小，固定资产投资、工业经济、外向型经济偏弱。

■

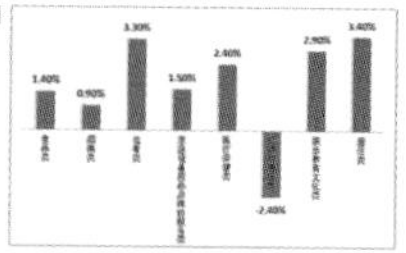
1.40%
0.90%
3.30%
1.50%
2.40%
-2.40%
2.90%
3.40%

济南市市中区2015消费类型增长统计

济南市市中区消费总额较高，GDP增长近年来较为平稳，通过2015消费类型增长统计表可以看出，市中区居民在居住、衣着、娱乐教育文化方面消费比例增长较大，这对商埠区的业态发展方向有一定的启发和引导。

■

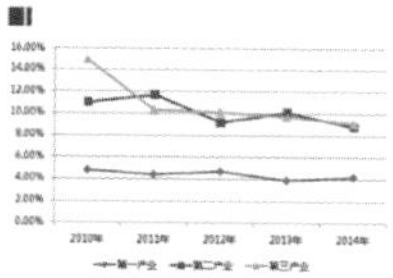
16.00%
14.00%
12.00%
10.00%
8.00%
6.00%
4.00%
2.00%
0.00%
2010年
2011年
2012年
2013年
2014年
第一产业
第二产业
第三产业

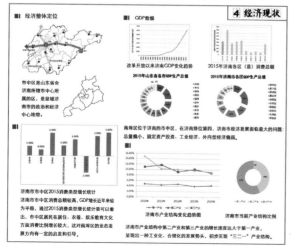

济南市产业结构变化趋势图

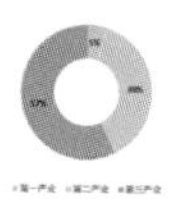

济南市当前产业结构比例

济南市产业结构中第二产业和第三产业的增长速度远大于第一产业，呈现出一种工业化、合理化的发展势头，初步实现“三二一”产业结构。

### 5 交通体系

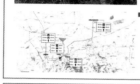

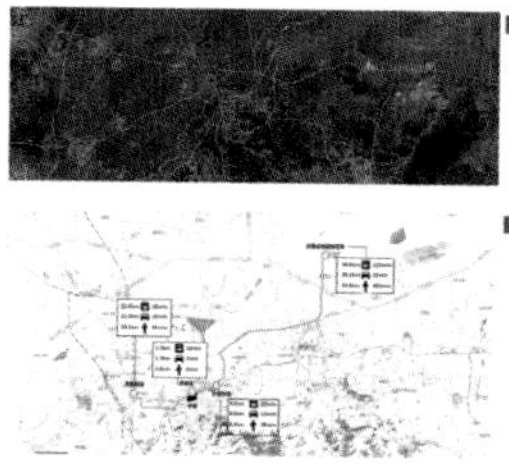

■ 济南规划确定了带状网格型路网。具体来看，规划“一环、十一射”的高速公路网——济南周边一圈高速路形成“一环”，形成中心城区的“保护壳”，向外发散出11条高速路，通达11个方向，向省内外城市辐射。

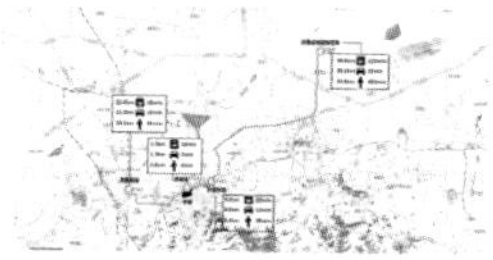

■ 本案位于山东省济南市商埠区，处于经一路和经四路、纬二路和纬四路之间。济南市的主要交通节点：济南火车站、济南火车西站、济南火车东站、济南汽车总站、济南遥墙国际机场。本案距离济南火车站和汽车总站最近，步行到达时间仅8分钟左右，同时济南站作为人流量最大的客运交通节点，对本案的规划具有重要的影响。

### 6 生态现状

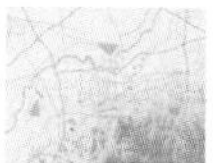

■ 济南地处中纬度地带，由于受太阳辐射、大气环流和地理环境的影响，属于暖温带半湿润季风型气候。其特点是季风明显，四季分明，春季干旱少雨，夏季温热多雨，秋季凉爽干燥，冬季寒冷少雪。夏季受东南季风影响，冬季受西北季风影响。北部邻黄带，中部为山前平原带，南部为丘陵山区带。最高海拔1108.4米，最低海拔5米，南北高差1100多米。这也是济南地下水丰富的原因之一。

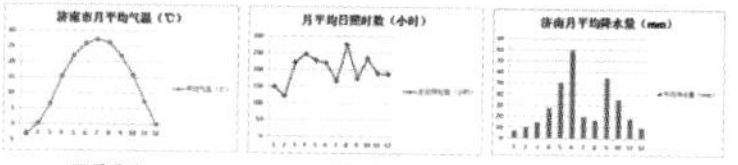
济南市月平均气温（℃）
月平均日照时数（小时）
济南月平均降水量（mm）

四季分明　光照充足　夏季降水充沛

■ 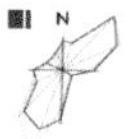
N

商埠区风向：
春季风多且大
秋季风速较小
冬季北风频吹

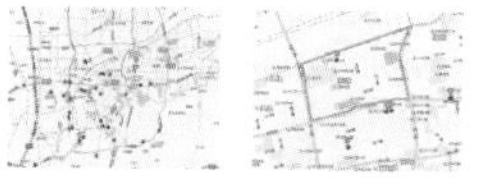

济南市主要工厂点　商埠区周边主要工厂

■ 市中区主要污染源：

1. 工业源：由于地势和风向影响，工业区产生的污染聚在市区。
2. 移动源：机动车尾气过量排放。
3. 生活源：市区部分地区缺乏管理，散煤燃烧、餐饮、烧烤等产生的废气在低空直接排放。
4. 扬尘源：市中区扬尘源多，市政工地建筑工地缺乏管理。

### 7 人口现状

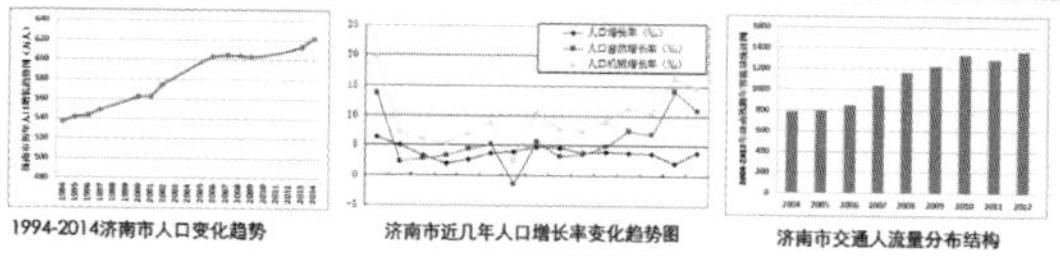
人口增长率（‰）
人口自然增长率（‰）
人口机械增长率（‰）

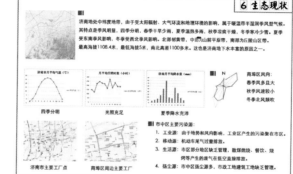

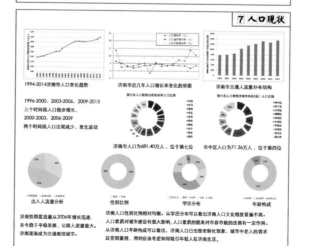

1994-2014济南市人口变化趋势

济南市近几年人口增长率变化趋势图

济南市交通人流量分布结构

1996-2000、2003-2006、2009-2013
三个时间段人口稳步增长，
2000-2003、2006-2009
两个时间段人口出现减少，发生波动

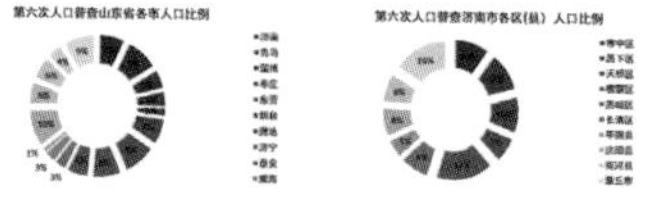
第六次人口普查山东省各市人口比例
第六次人口普查济南市各区(县)人口比例

济南市人口为681.40万人，位于第七位

市中区人口为71.36万人，位于第四位

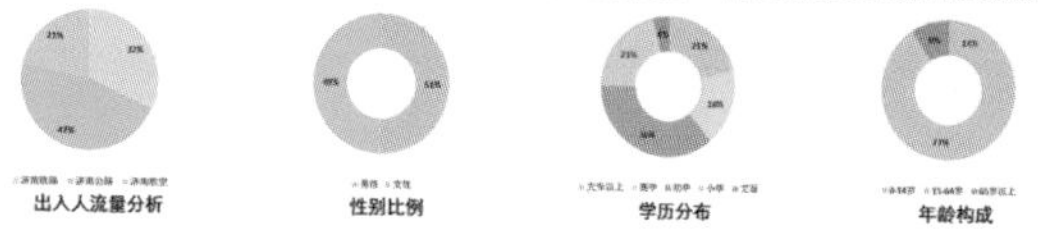

出入人流量分析　性别比例　学历分布　年龄构成

济南铁路客流量从2006年增长迅速，至今趋于平稳发展，公路人流量最大。济南逐渐成为交通枢纽城市。

济南人口性别比例相对均衡。从学历分布可以看出济南人口文化程度普遍不高。人口素质对城市建设有很大影响，人口素质的提高对市容市貌的改善有一定作用。从济南人口年龄构成可以看出，济南人口已出现老龄化现象，城市中老人的需求应受到重视，同时应该考虑如何吸引年轻人在济南生活。

### 8 民俗文化

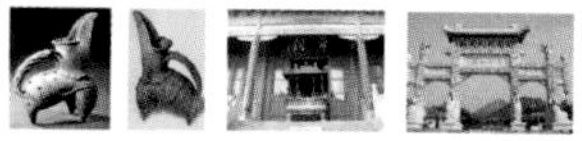

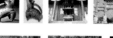

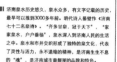

■ 城市文化拥有九大类：龙山文化、舜文化、泉文化、名士文化、诗词文化、曲艺文化、宗教文化、饮食文化、民俗文化。

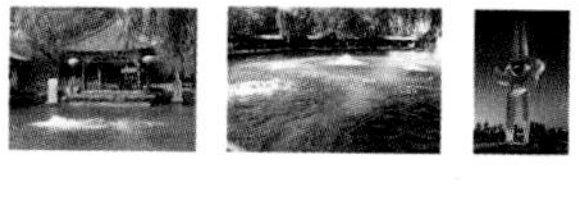

■ 济南泉水历史悠久，泉水众多，有文字记载的历史，最早可以推到3000多年前。明代诗人晏璧作《济南七十二名泉诗》。“齐多甘泉，冠于天下”，“家家泉水，户户垂杨”，泉水深入到济南人民的生活之中。泉水和市井交织形成了独特的泉文化，代表了灵性与活力，永不退缩的精神，是济南生生不息的“魂”，是济南城市最靓丽的品牌和特色。

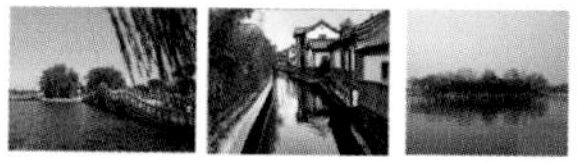

■ 文气和文人传统连绵不绝。
正如北宋曾巩说：“齐(州)古为文学之国”。
南京有“秦淮风月”，杭州被称为人间“天堂”，成都是安逸的“天府”，济南是中原文化中心，独具潇洒灵秀。

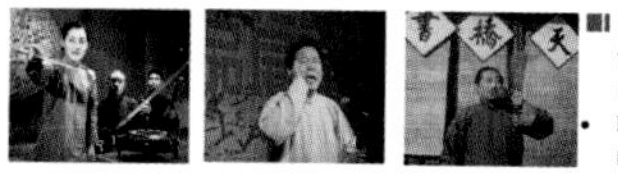

■ 历史上的济南，曲艺之繁盛名闻海内，产生了山东快书、章丘梆子、梨花大鼓、五音戏、山东落子等民间艺术。《老残游记》中大明湖畔黑妞、白妞唱大鼓的明湖居；相声、大鼓、快书汇集的新新舞台茗曲阁；“北有启明，南有晨光”的曲艺根据地晨光茶社，成就了济南全国曲艺三大码头的名声。

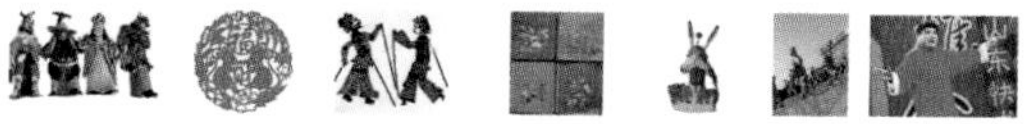

济南长期以来形成了非常丰富的人文风情和民间文化，许多风俗习惯至今仍然活跃在民间生活的舞台。济南不仅有章丘黑陶、长清木鱼石、平阴阿胶、鲁绣等传统民俗商品，还有面塑、泥塑、剪纸、皮影等民间工艺，以及吕剧、山东梆子、山东快书、鼓子秧歌等民俗文艺。济南民俗具有浓郁的地方特色，有趵突泉灯会、大明湖“放荷灯”、千佛山山会和济南民俗旅游节四大民俗集会。

## 二 专题研究

### 1 文化资本运营研究

■ 通过文化资本运营重塑传统场域精神　打造城市文化的容器和磁体

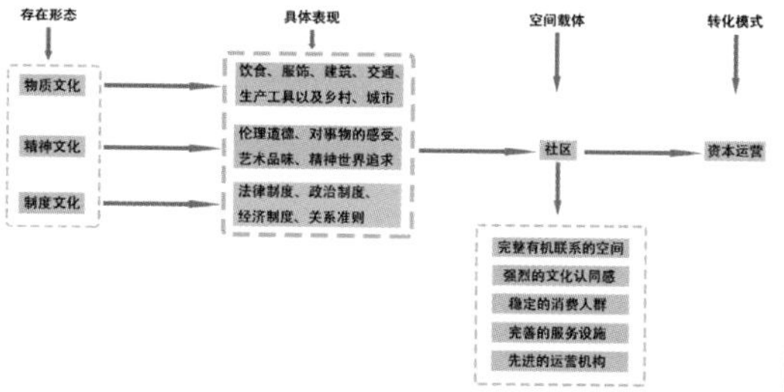
存在形态
具体表现
空间载体
转化模式
物质文化
精神文化
制度文化
饮食、服饰、建筑、交通、生产工具以及乡村、城市
伦理道德、对事物的感受、艺术品味、精神世界追求
法律制度、政治制度、经济制度、关系准则
社区
资本运营
完整有机联系的空间
强烈的文化认同感
稳定的消费人群
完善的服务设施
先进的运营机构

### 2 案例借鉴

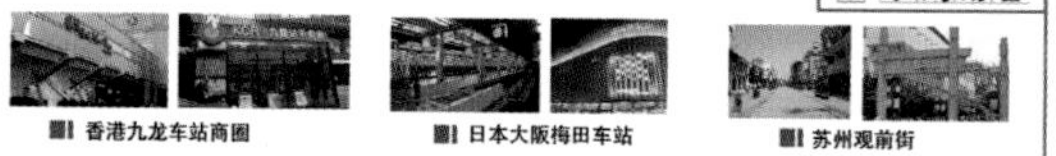

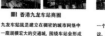

■ 香港九龙车站商圈

九龙车站就是建立在稠密的城市网络中一座规模宏大的交通城，围绕车站会形成新的城市副中心。

■ 日本大阪梅田车站

一个集中的购物、住宿、办公、会议、商务活动的中心。站内信息与公共服务设施非常完备合理。

■ 苏州观前街

兼顾了文化、生态和便利的多层次、多功能、复合型的商业游憩区。

**3 经济定位**

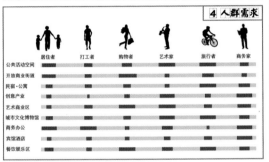

**4 人群需求**

| | 居住者 | 打工者 | 购物者 | 艺术家 | 旅行者 | 商务家 |
|---|---|---|---|---|---|---|
| 公共活动空间 | | | | | | |
| 开放商业街道 | | | | | | |
| 民宿·公寓 | | | | | | |
| 创意产业 | | | | | | |
| 艺术商业区 | | | | | | |
| 城市文化博物馆 | | | | | | |
| 商务办公 | | | | | | |
| 宾馆酒店 | | | | | | |
| 餐饮娱乐区 | | | | | | |

**2 街廓尺度**

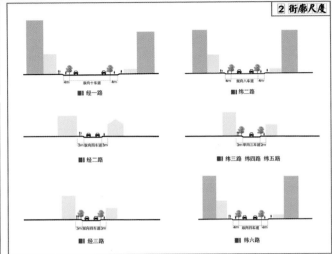

■经一路
4m 双向十车道 4m

■纬二路
4m 双向八车道 4m

■经二路
3m 双向两车道 3m

■纬三路 纬四路 纬五路
3m 双向两车道 2m

■经三路
3m 双向两车道 3m

■纬六路
4m 双向四车道 4m

**1 突出问题**

**■ 街道现状问题**

· 街道两侧建筑风格对立多样，缺乏统一规划。 · 各街区业态相似且相对单一，缺少辨识度。
· 路窄树茂，树木与道路的关系并不合理，树木与道路的相互影响。

· 街道基础设备老旧破败，电线等杂乱无章悬于空中，存在较多安全隐患。
· 区域内缺乏开放公共空间，小孩子们只能聚集于小胡同里玩耍。
· 广告牌、邮箱、垃圾桶、公交站点、公共卫生间等基础设施需要进行统一设计。
· 普通老式住宅缺少维修而显得破败，建筑肌理杂乱无章。
· 需要保护的历史建筑布局分散，目前使用率很低。

**■ 交通及公共区现状问题**

· 整个区域绿化率很低，中山公园相对闭塞，没有发挥其作用。
· 整个片区道路划分成若干区域，区域之间联系弱，区域内向性强，有外围石墩栅栏隔离道路。
· 商业内街道宽度不足，人流大、道路窄造成道路的过度拥挤。
· 片区内缺乏公共停车场，公共停车场基本处于地下，标示性不强，公共停车场全部收费。
· 非机动车数量多，乱停现象严重，公共非机动车停放区分布较少。

**5 建筑分析**

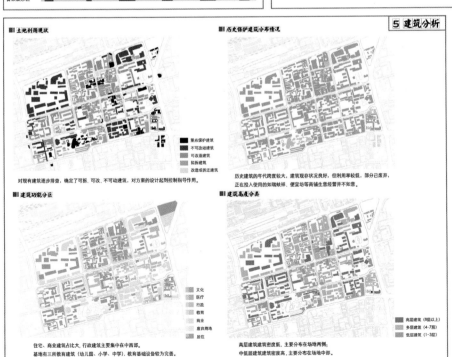

**■ 土地利用现状**

图例：
重点保护建筑
不可改造建筑
可改造建筑
拟新建建筑
改造或拆迁建筑

对现有建筑逐步排查，确定了可拆、可改、不可改动建筑，对方案的设计起到控制指导作用。

**■ 历史保护建筑分布情况**

历史建筑的年代跨度较大，建筑现存状况良好，但利用率较低，部分己废弃。正在投入使用的如瑞蚨祥、便宜坊等商铺生意经营并不如意。

**■ 建筑功能分区**

图例：
文化
医疗
行政
教育
商业
废弃用地
居住

住宅、商业建筑占比大，行政建筑主要集中在中西部。
基地有三所教育建筑（幼儿园、小学、中学），教育基础设备较为完善。

**■ 建筑高度分类**

图例：
高层建筑（8层以上）
多层建筑（4-7层）
低层建筑（1-3层）

高层建筑建筑密度低，主要分布在场地两侧；
中低层建筑建筑密度高，主要分布在场地中部。

**6 交通分析**

**■ 道路等级划分及行车方向**

图例：
一级道路（纬二路 纬六路）
二级道路（经一路 经四路）
三级道路（经二路 经三路）
支路（纬三路 纬四路 纬五路 小纬六路）

场地内部支路数量庞大，道路空间丰富多变，但过于复杂的小路网会对商业产生不利的影响。

**■ 平均交通拥挤情况**

图例：
全天平均交通较为拥挤道路
全天平均交通较为通畅道路

南北的经一路、经四路及周边道路均有较大的交通压力。
纬二路、经二路、小纬六路部分有较大的交通压力。

**■ 停车场分布情况**

图例：
地上停车场
地下停车场

公共停车场分布，场地内的公共停车场全部呈收费使用。
停车监管力度不够，一部分全路段禁止停车道路有违章停车现象。

**■ 公交站点分布情况**

内部公交站点分布，公交站点总体呈从南向北、由疏到密分布。
北向交通受邻近的济南火车站影响较大，分布较多的公交站点，经三路没有公交站点。

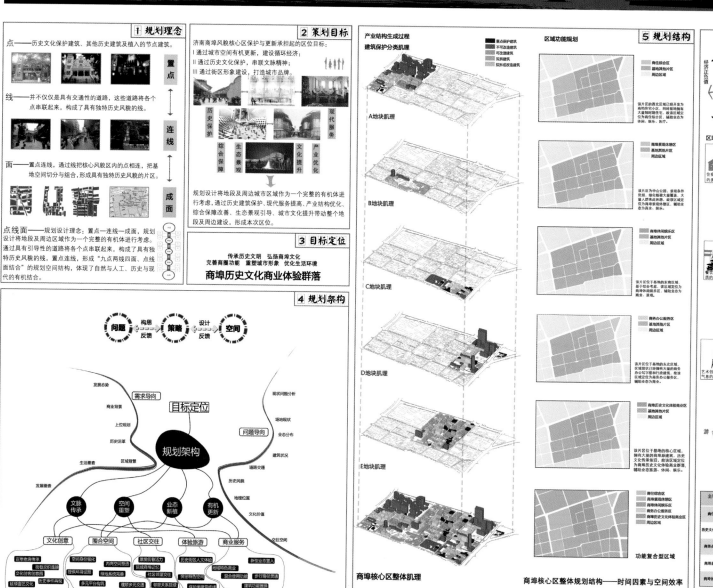

## 1 规划理念

点——历史文化保护建筑、其他历史建筑及植入的节点建筑。

置点

线——并不仅仅是具有交通性的道路，这些道路将各个点串联起来，构成了具有独特历史风貌的线。

连线

面——置点连线，通过线把核心风貌区内的点相连，把基地空间切分与组合，形成具有独特历史风貌的片区。

成面

点线面——规划设计理念：置点—连线—成面，规划设计将地段及周边区域作为一个完整的有机体进行考虑。
通过具有引导性的道路将各个点串联起来，构成了"具有独特历史风貌"的线，置点连线，形成"九点两线四面、点线面结合"的规划空间结构，体现了自然与人工、历史与现代的有机结合。

## 2 策划目标

济南商埠风貌核心区保护与更新承担起的区位目标：
I 通过城市空间有机更新，建设循环经济；
II 通过历史文化保护，串联文脉精神；
III 通过街区形象建设，打造城市品牌。

历史保护 现代服务
综合保障 生态景观 文化提升 产业优化

规划设计将地段及周边城市区域作为一个完整的有机体进行考虑，通过历史建筑保护、现代服务提高、产业结构优化、综合保障改善、生态景观引导、城市文化提升带动整个地段及周边建设，形成本次区位。

## 3 目标定位

传承历史文明  弘扬商埠文化
完善商圈功能  重塑城市形象  优化生活环境

### 商埠历史文化商业体验群落

## 4 规划架构

问题 构思 策略 设计 空间
反馈 反馈

目标定位

规划架构

文脉传承  空间重塑  业态新植  有机更新

文化创意  围合空间  社区交往  体验旅游  商业服务

## 产业结构生成过程
### 建筑保护分类肌理

重点保护建筑
不可改造建筑
可改造建筑
改造建筑
拆除或改造建筑

A地块肌理

B地块肌理

C地块肌理

D地块肌理

E地块肌理

商埠核心区整体肌理

## 区域功能规划

商住综合区
基地其他片区
周边区域

商埠原址体验区
基地其他片区
周边区域

商埠休闲娱乐区
基地其他片区
周边区域

商务办公服务区
基地其他片区
周边区域

商埠历史文化体验商业区
基地其他片区
周边区域

商住综合区
商埠原址体验区
商埠休闲娱乐区
商务办公服务区
商埠历史文化体验商业区
周边区域

功能复合型区域

商埠核心区整体规划结构——时间因素与空间效率

## 5 规划结构

## 6 产业结构优化

居

游 手工体验
民宿 文化社区
美食
酒店 创意办公
商 公园
隐 影院 戏剧广场
铁路博物馆

文

| 主导业态 | 辅助业态 | 服务人群 | 服务功能 |
|---|---|---|---|
| 商住综合区 | 休闲、娱乐、医疗 | 当地人群 | 居住、餐饮、医疗、购物等 |
| 历史文化商埠体验区 | 休闲、娱乐、观赏 | 各类人群 | 住宿、餐饮、娱乐、展览、观赏、教育、民俗文化等 |
| 商务办公服务区 | 商业 | 商务人士 | 办公、购物等 |
| 商埠原址休验名区 | 商业、娱乐 | 各类人群 | 娱乐、休闲、观赏、集会等 |
| 商埠休闲娱乐区 | 商业、娱乐 | 各类人群 | 娱乐、购物、观光等 |

## 7 设计构思

采用"点线面"的架构方法,追寻最开始的设计基点,置点—连线—成面

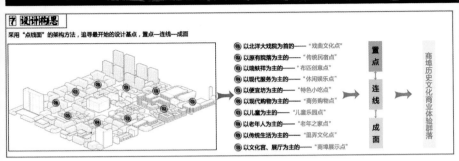

⑩ 以北洋大戏院为首的——"戏曲文化点"
⑪ 以原有篷落为主的——"传统民宿点"
⑫ 以瑞蚨祥为主的——"布匹创意点"
⑬ 以现代服务为主的——"休闲娱乐点"
⑭ 以便宜坊为主的——"特色小吃点"
⑮ 以现代购物为主的——"商务购物点"
⑯ 以儿童为主的——"儿童乐园点"
⑰ 以老人为主的——"老年之家点"
⑱ 以传统生活为主的——"里弄文化点"
⑲ 以文化宫、展厅为主的——"商埠展示点"

置点 → 连线 → 成面

商埠历史文化商业休闲群落

## 8 方案生成

01 商埠核心风貌区现状

02 基地选择

03 建筑保护分类

04 基地建筑保留与改造

05 中期基地大尺度体块

06 提取肌理分区设计

07 回归基地重塑肌理

08 内环与外环的确立

09 屋顶设计与建筑高度变化

10 道路系统布局

11 广场绿地系统布局

12 地下车库位置

13 初步业态分布

14 设计片区与周边建筑

15 最终效果

## 9 具体设计策略

### 人口——老龄人群

基地现状:人口老龄化严重,针对性基础设施缺乏。
行为特点:活动半径小,出行频率大,逗留时间长,易产生疲劳感。
解决方案:针对老年人的行为特点和活动半径,合理配置老年人服务站,满足本区老年人的文娱、爱好、习惯等需求。

规划针对老者的服务区
规划居民区(老年人主要聚集区)
老年人基本生活圈(活动半径180~220m)
老年人扩大邻里生活圈(活动半径450m)

### 人口——儿童、青少年人群

基地现状:现存小学、中学、幼儿园可以满足片区的教育文化需求,但大量青少年人群缺乏聚集娱乐的场所,随意嬉戏聚集存在安全隐患。
行为特点:活动半径较小,可达性高。
解决方案:在青少年聚集地带活动半径交会处基础游戏点A,在片区的核心区域设立社区级游戏场B,可辐射范围围增大,以吸引更多青少年人群,创造经济。

规划针对青少年的服务区
现有教育文化区(青少年主要聚集区)
青少年社区级游戏场(活动半径700~900m)
青少年基础游戏点(活动半径230m)

### 停车问题

停车场现状:片区内缺乏具有一定规模的对外开放的机动车停车场库,导致大量机动车停放在马路边缘,阻碍交通,已经成为片区内交通拥堵、混乱的主要原因之一。

P 不对外停车库
市中心区机动车停车场库服务半径:200m

停车场规划:增加两处机动车地下停车场,使其可以服务整个片区。这两个地下停车场一个紧邻主干道,可以吸收大量由北边进入片区的车辆,主要吸收于到商埠区参观、购物的人群,缓解片区内的交通压力。

地面小型停车场
最端地下停车库
原有停车场库

### 公共卫生间问题

公共卫生间现状:片区内公共卫生间分布不均匀,其原因是片区北部人口流动量大,商铺多,而南边人口流动量小,商铺少,原住居民多,大多是住居民居住在多层住宅中,对公共卫生间的需求量较少。而且片区内公共卫生间的卫生条件极差。

流地人口高密度到商会海带区公共卫生间服务半径:150~250m
(共用):300~800m

公共卫生间规划:片区内卫生间分布均匀合理,卫生条件有很大提升,新规划的卫生间具有很强的标识性,而且严格根据公共卫生间的间距规划,在人流量大、人群集中的区域,公共卫生间的密度仍然较大,方便人们的使用。

新规划公共卫生间
保留原有公共卫生间

### 绿地问题

绿地现状:
小游园数量少,无法服务整个片区。小区内部的绿地不能供公众使用,中山公园虽然绿地面积大,但是太过闭塞,可达性不强,对城市景观的影响几乎为零。

小游园服务半径:300~500m
综合性公园服务半径:1000m

绿地规划:增加多处中小型绿地空间,使其可以服务整个片区,而且可以提升城市街区的景观品质。

新增绿地
原有绿地

# 济南商埠风貌核心区保护与更新城市设计

## 1 建筑更新策略(以东北角地块为例)

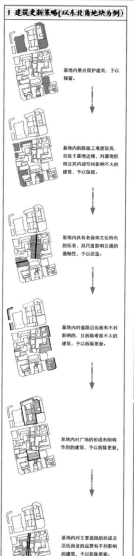

基地内重点保护建筑，予以保留。

基地内拆除施工难度较高，且处于基地边缘，对基地肌理及其内部空间影响不大的建筑，予以保留。

基地内具有老商埠文化特色的街巷，其尺度影响交通的通畅性，予以改造。

基地内对道路沿街面有不利影响的，且拆除难度不大的建筑，予以拆除更新。

基地内对广场的形成有阻碍作用的建筑，予以拆除更新。

基地内对主要道路的形成及沿街商业的运营有不利影响的建筑，予以拆除更新。

## 2 绿地系统规划

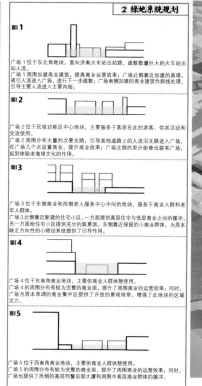

**1**
广场1位于东北角地块，面向济南火车站出站路，疏散数量巨大的火车站出站人流。
广场1周围加建商业建筑，提高商业运营效率；广场北侧靠近加建的高塔，吸引人流进入广场，进行下一步疏散；广场南侧加建的商业建筑作斜线处理，引导主要人流进入主要内街。

**2**
广场2位于民宿功能区中心地块，主要服务于客居在此的游客，供其活动和交流使用。
广场2周围分布大量的次要支路，引导其他道路上的人流沿支路进入广场，在广场几个点设置商业，提升商业效率；广场北侧的里分街巷联系广场，起到体验老商埠文化的作用。

**3**
广场3位于东侧商业和西侧老人服务中心中间的地块，服务于商业人群和老年人群体。
广场3北侧靠近新建的住宅小区，一方面提供高层住宅与低层商业之间的缓冲，另一方面给住宅小区提供充分的取景面。东侧靠近保留的小商业地块，为原本缺乏方向性的小路径系统提供了引导作用。

**4**
广场4位于东南角商业地块，主要供商业人群休憩使用。
广场4的周围分布有较为完整的商业面，提升了周围商业的运营效率；同时，广场为原本单调的商业集中区提供了开放的景观地带，增强了此地块的区域活力。

**5**
广场5位于西南角商业地块，主要供商业人群休憩使用。
广场5的周围分布有较为完整的商业面，提升了周围商业的运营效率；同时，广场也提供了西侧的高层刑警总部大厦和周围中高层商业群体的缓冲。

## 3 广场与道路组织

核心广场
组团绿化
景观界面

**1 广场与主要内街之间的组织关系**

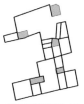

广场处于五个地块的核心区域，以点串线，作为吸引源引导主要人流进入主要内街，形成一条环形闭合圈。

**1 广场与次要支路之间的组织关系**

广场处于区域的核心位置，向外散射数条支路，以点散线，作为吸引源将分散的人流引入支路，支路之间相互连接，形成一条小路径系统。

**1 广场与内部道路之间的组织关系**

广场处于区域的核心位置，以点带面，串联主要内街，散射次要支路，增强其引导性和可识别性，组织形成一个完整的广场道路系统。

## 4 围绕古建的特色街道

历史现状：商埠区的历史是比较辉煌的，但是历史的传统已不再适用于当下，因此商埠区现在经济低迷，毫无活力。

游说济南铁路职工宿舍
特色原址馆
魏庆功
山东宾馆
北洋大戏院
导存封锁表
珍草机绿树

**历史价值设计**

铁路文化历史价值延续：铁路文化街—博物馆—广场形成一个面向济南站的主题公共空间。

老商埠里坊历史价值延续：保留原有里坊，发展特色商业体验街，融入老济南的元素复兴古风格。

便宜坊老字号历史价值延续：引入其他美食文化，形成济南特色老字号美食。

宾馆历史价值延续：沿街微宾馆酒店、老济南民宿等，满足不同人群需求。

戏剧历史价值延续：点带线形成片区，戏楼、茶楼等配套文化建筑等活动，复兴戏曲文化。

钟表老字号历史价值延续：形成标志性品牌，举办销售、展览、拍卖等活动，增加对外吸引力。

布匹老字号历史价值延续：布匹一条街，形成标志性品牌，对外具有吸引力。

## 5 交通体系规划

### ▐ 车行交通系统

车行交通系统基本保持原有的状态。经一路为双向十车道，经二路为双向八车道，经三路为双向八车道，纬三路为南向的单行道，纬五路部分为双向八车道，部分为北向的单行道。

设计将原本为北向单行道的纬四路改为步行街道，以避免车流对区域内部步行交通系统的影响。

- ▬▬▬ 双向十车道
- ▬▬▬ 双向八车道
- ▬▬▬ 单行道

### ▐ 人行交通系统

人行交通系统由一条闭合环状的主要步行道路和多条散射的次要步行道路组成。

主要步行道路由四块区域的核心广场串联，沿街设置主要的商业，提升商业的运营效果。次要步行道路由核心广场散射形成。广场本身所具有的吸引力引导人流进入，提升沿街的商业和文化活力。

- ▬▬▬ 主要步行道路
- ─── 次要步行道路
- ● 核心广场

### ▐ 地下停车场分析

由《全国建筑工程设计技术措施规划》《城市道路交通规划设计规范》《停车场规划设计规范》得：

西北角地块：所需停车位645个 停车场面积25800㎡ 2层停车场

东北角地块：所需停车位599个 停车场面积23960㎡ 3层停车场

东南角地块：所需停车位458个 停车场面积18320㎡ 2层停车场

西南角地块：所需停车位362个 停车场面积14480㎡ 2层停车场

- ▬ 地下停车场

## 6 街道尺度合理性分析

广场街道 舒适尺度
D=9~10m D/H=1.5~1.7
9~10m

基本道路 舒适尺度
D=7~9m D/H=1.1~1.4
7~9m

保留特色体验街
D=2~3.5m D/H=0.8~1.0
1.5~3m

开敞式文化街 舒适尺度
D=7~9m D/H=1.0~1.2
7~9m

保留原有里坊街道
D=1.5~3m D/H=0.3~0.5
1.5~3m

商业老街 适宜尺度
D=3~4m D/H=1.1~1.3
3~4m

## 7 节能技术系统规划

### ▐ 被动式太阳能设计

①北向屋顶设计为两层隔热玻璃，中央设有空腔，结合遮阳百叶和通风口控制室内光热。

②方案南部设计阳光房，采用特殊夹胶玻璃，能够阻隔大量热辐射，同时加设遮阳百叶。

③南侧部分墙体和室内地板使用两层隔热保温材料，中腔为空气层。

④顶部设置通风槽和通风道，利用拔风效应。管道的顶部设置百叶，夏天开启形成热压通风，冬天关闭，达到保温效果。

主体外围护材料从外而内分别为：
美国南方松饰面板
防水透气膜
OSB板
玻璃棉
OSB板
聚氨酯内饰板

根据Designbuilder计算结果，该墙体厚度为0.3m，热阻值为4.102㎡·K/W，热工性能满足节能需求。

### ▐ 屋顶绿化分析

**人工屋顶绿化的整体构成**

人工屋顶绿化由上至下分别由防水层（分离滑动层）、隔根层、蓄排水层、隔离过滤层、种植基质层、植被景观层等组成。

与地面绿化相比，屋顶绿化要为植物的生长创造条件。与一般的平屋顶构造不同，它是在建筑物或构筑物结构楼板、保温隔热层和屋顶防水层之上增加了植物生长所需要的构造做法。

种植基本构造：植物层、种植基质层、过滤层、排水层、屋顶完成面。目前在屋顶绿化实践中出现的构造层：植物层、种植基质层、过滤层、排水层、保护层、防穿刺层、隔离层、防水层等。

**人工屋顶绿化的施工基本流程**

清扫建筑顶层 → 建筑顶层防水试验 → 二次防水处理
铺设蓄排水层（采用满铺） → 铺设隔根层（采用满铺） → 铺设分离滑动层（采用满铺）
铺设过滤层（采用满铺） → 铺设种植基质 → 种植植物 → 种植养护

植物层
基质层
过滤层
排水层
保护层
防穿刺层
隔离层
防水层
屋面构造完成面

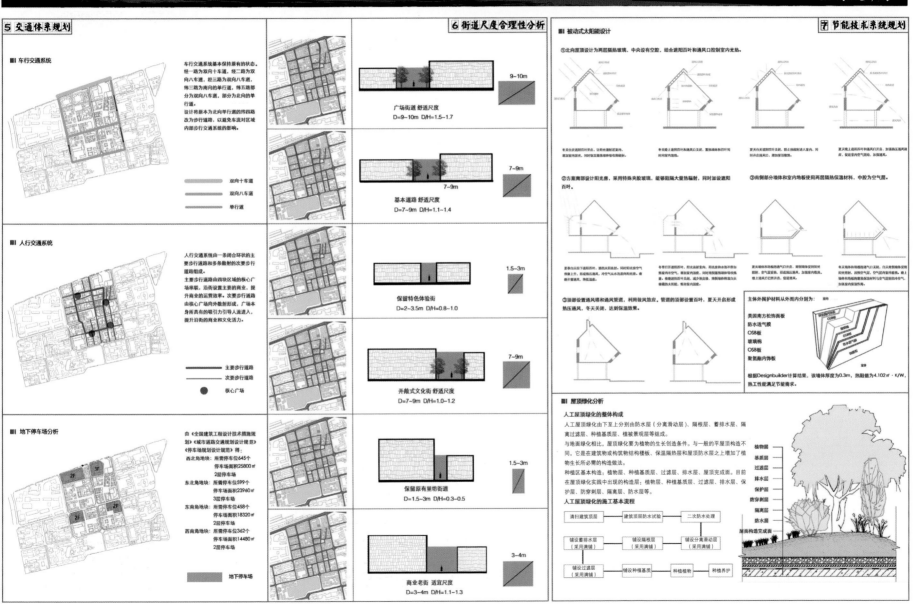

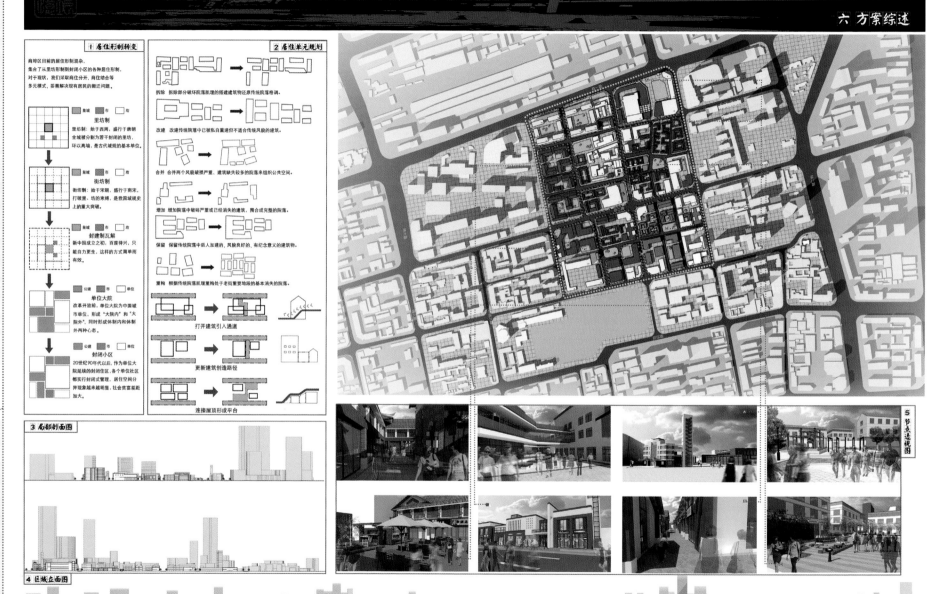

济南市商埠风貌核心区保护与更新城市设计：2016北方四校联合城市设计

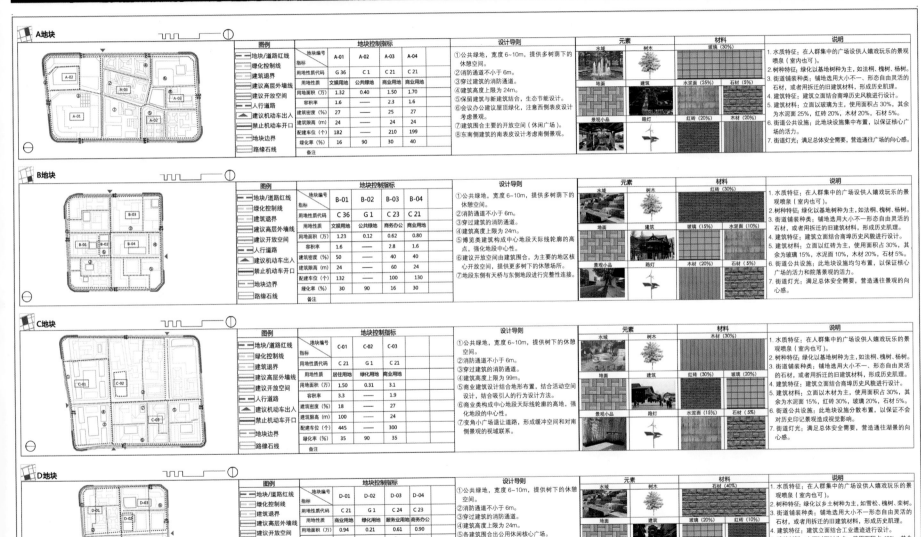

**A地块**

| 图例 | 地块控制指标 | | | | | 设计导则 |
|---|---|---|---|---|---|---|
| 地块/道路红线 | 地块编号 指标 | A-01 | A-02 | A-03 | A-04 | ①公共绿地,宽度6~10m,提供多树荫下的休憩空间。 |
| 绿化控制线 | 用地性质代码 | G 36 | C 1 | C 21 | C 21 | ②消防通道不小于6m。 |
| 建筑退界 | 用地性质 | 文娱用地 | 公共绿地 | 商业用地 | 商业用地 | ③穿过建筑的消防通道。 |
| 建议开放外墙线 | 用地面积(万) | 1.32 | 0.40 | 1.50 | 1.70 | ④建筑高度上限为24m。 |
| 建议开放空间 | 容积率 | 1.6 | —— | 2.3 | 1.6 | ⑤保留建筑与新建筑结合,生态节能设计。 |
| 人行道路 | 建筑密度(%) | 27 | —— | 25 | 27 | ⑥会议办公建议屋顶绿化,注意西侧表皮设计考虑景观。 |
| 建议机动车出入 | 建筑限高(m) | 24 | —— | 24 | 24 | ⑦建筑围合主要的开放空间(休闲广场)。 |
| 禁止机动车开口 | 配建车位(个) | 182 | —— | 210 | 199 | ⑧东南侧建筑的南表皮设计考虑南侧景观。 |
| 地块边界 | 绿化率(%) | 16 | 90 | 30 | 40 | |
| 路缘石线 | 备注 | | | | | |

**说明**
1. 水质特征:在人群集中的广场设供人嬉戏玩乐的景观喷泉(室内也可)。
2. 树种特征:绿化以基地树种为主,如法桐、槐树、杨树。
3. 街道铺装类:铺地选用大小不一、形态自由灵活的石材,或者用拆迁的旧建筑材料,形成历史肌理。
4. 建筑特征:建筑立面结合商埠历史风貌进行设计。
5. 建筑材料:立面以玻璃为主,使用面积占30%,其余为水泥面25%,红砖20%,木材20%,石材5%。
6. 街道公共设施:此地块设施集中布置,以保证核心广场的活力。
7. 街道灯光:满足总体安全需要,营造通往广场的向心感。

元素:水域、树木、地面、建筑、景观小品、路灯
材料:玻璃(30%)、水泥面(25%)、石材(5%)、红砖(20%)、木材(20%)

**B地块**

| 图例 | 地块控制指标 | | | | | 设计导则 |
|---|---|---|---|---|---|---|
| 地块/道路红线 | 地块编号 指标 | B-01 | B-02 | B-03 | B-04 | ①公共绿地,宽度6~10m,提供多树荫下的休憩空间。 |
| 绿化控制线 | 用地性质代码 | C 36 | G 1 | C 23 | C 21 | ②消防通道不小于6m。 |
| 建筑退界 | 用地性质 | 文娱用地 | 公共绿地 | 商务办公 | 商业用地 | ③穿过建筑的消防通道。 |
| 建议高层外墙线 | 用地面积(万) | 1.23 | 0.12 | 0.62 | 0.80 | ④建筑高度上限为24m。 |
| 建议开放空间 | 容积率 | 1.6 | —— | 2.8 | 1.6 | ⑤博览类建筑构成中心地段天际线轮廓的高点,强化地段中心性。 |
| 人行道路 | 建筑密度(%) | 50 | —— | 40 | 40 | ⑥建议开放空间由建筑围合,为主要的地区核心广场及提供更多树下的休憩场所。 |
| 建议机动车出入 | 建筑限高(m) | 27 | —— | 60 | 24 | ⑦地段东侧与天桥与东侧地段进行完整性连接。 |
| 禁止机动车开口 | 配建车位(个) | 132 | —— | 100 | 130 | |
| 地块边界 | 绿化率(%) | 30 | 90 | 16 | 30 | |
| 路缘石线 | 备注 | | | | | |

**说明**
1. 水质特征:在人群集中的广场设供人嬉戏玩乐的景观喷泉(室内也可)。
2. 树种特征:绿化以基地树种为主,如法桐、槐树、杨树。
3. 街道铺装类:铺地选用大小不一形态自由灵活的石材,或者用拆迁的旧建筑材料,形成历史肌理。
4. 建筑特征:建筑立面结合商埠历史风貌进行设计。
5. 建筑材料:立面以红砖为主,使用面积占30%,其余为玻璃15%,水泥面10%,木材20%,石材5%。
6. 街道公共设施:此地块设施均匀布置,以保证核心广场的活力和院落景观的活力。
7. 街道灯光:满足总体安全需要,营造通往景观的向心感。

元素:水域、树木、地面、建筑、景观小品、路灯
材料:红砖(30%)、玻璃(15%)、水泥面(10%)、木材(20%)、石材(5%)

**C地块**

| 图例 | 地块控制指标 | | | 设计导则 |
|---|---|---|---|---|
| 地块/道路红线 | 地块编号 指标 | C-01 | C-02 | C-03 | ①公共绿地,宽度6~10m,提供树下的休憩空间。 |
| 绿化控制线 | 用地性质代码 | C 21 | G 1 | C 21 | ②消防通道不小于6m。 |
| 建筑退界 | 用地性质 | 居住用地 | 绿化用地 | 商业用地 | ③穿过建筑的消防通道。 |
| 建议高层外墙线 | 用地面积(万) | 1.50 | 0.31 | 3.1 | ④建筑高度上限为99m。 |
| 建议开放空间 | 容积率 | 3.3 | —— | 1.9 | ⑤商业建筑设计结合地形布置,结合活动空间设计,结合吸引人的行为设计方法。 |
| 人行道路 | 建筑密度(%) | 18 | —— | 27 | ⑥商业类构成中心地段天际线轮廓的高地,强化地段的中心性。 |
| 建议机动车出入 | 建筑限高(m) | 100 | —— | 24 | ⑦转角小广场退让道路,形成缓冲空间和对南侧景观的视线联系。 |
| 禁止机动车开口 | 配建车位(个) | 445 | —— | 300 | |
| 地块边界 | 绿化率(%) | 35 | 90 | 35 | |
| 路缘石线 | 备注 | | | | |

**说明**
1. 水质特征:在人群集中的广场设供人嬉戏玩乐的景观喷泉(室内也可)。
2. 树种特征:绿化以基地树种为主,如法桐、槐树、杨树。
3. 街道铺装类:铺地选用大小不一、形态自由灵活的石材,或者用拆迁的旧建筑材料,形成历史肌理。
4. 建筑特征:建筑立面结合商埠历史风貌进行设计。
5. 建筑材料:立面以木材为主,使用面积占30%,其余为水泥面15%,红砖30%,玻璃20%,石材5%。
6. 街道公共设施:此地块设施分散布置,以保证不会对历史印记景观造成视觉影响。
7. 街道灯光:满足总体安全需要,营造通往湖景的向心感。

元素:水域、树木、地面、建筑、景观小品、路灯
材料:木材(30%)、红砖(30%)、玻璃(20%)、水泥面(15%)、石材(5%)

**D地块**

| 图例 | 地块控制指标 | | | | | 设计导则 |
|---|---|---|---|---|---|---|
| 地块/道路红线 | 地块编号 指标 | D-01 | D-02 | D-03 | D-04 | ①公共绿地,宽度6~10m,提供树下的休憩空间。 |
| 绿化控制线 | 用地性质代码 | C 21 | G 1 | C 24 | C 23 | ②消防通道不小于6m。 |
| 建筑退界 | 用地性质 | 商业用地 | 绿化用地 | 服务业用地 | 商务办公 | ③穿过建筑的消防通道。 |
| 建议高层外墙线 | 用地面积(万) | 0.94 | 0.21 | 0.61 | 0.90 | ④建筑高度上限为24m。 |
| 建议开放空间 | 容积率 | —— | —— | 3 | —— | ⑤各业用地围合公用休闲核心广场。 |
| 人行道路 | 建筑密度(%) | 27 | —— | 25 | 27 | ⑥新旧建筑有机结合,生态设计。 |
| 建议机动车出入 | 建筑限高(m) | 24 | —— | 36 | 36 | ⑦城市广场给主干道和地块周围围合建筑以缓冲空间。 |
| 禁止机动车开口 | 配建车位(个) | 150 | —— | 98 | 160 | |
| 地块边界 | 绿化率(%) | 30 | 90 | 30 | 30 | |
| 路缘石线 | 备注 | | | | | |

**说明**
1. 水质特征:在人群集中的广场设供人嬉戏玩乐的景观喷泉(室内也可)。
2. 树种特征:绿化以乡土树种为主,如雪松、槐树、栾树。
3. 街道铺装类:铺地选用大小不一形态自由灵活的石材,或者用拆迁的旧建筑材料,形成历史肌理。
4. 建筑特征:建筑立面结合工业遗迹进行设计。
5. 建筑材料:立面以石材为主,使用面积占40%,其余为玻璃20%,红砖10%,木材15%,水泥面15%。
6. 街道公共设施:此地块设施均匀布置,以保证各大小广场的活力。
7. 街道灯光:满足总体安全需要,营造通往广场的向心感。

元素:水域、树木、地面、建筑、景观小品、路灯
材料:石材(40%)、玻璃(20%)、红砖(10%)、木材(15%)、水泥面(15%)

Ⅰ济南站

Ⅱ呼和浩特站

Ⅲ北京站

### 前期调研

济南自开商埠，创造了近代中国内陆城市对外开放的先河，极大地促进了当时济南的城市化进程，当清末整个国家仍然沉浸在自给自足的生活模式之中时，济南已经开始进入城市化阶段。

自 20 世纪 80 年代以来，济南经济再度腾飞。

但是在 20 世纪 90 年代，老商埠的经济模式已经无法适应当时中国市场经济的需要，承担了几代人的生活记忆、见证了济南百年风云变幻的老商埠却充斥着混乱、低俗与贫穷，老商埠的发展到达历史的一段低谷。

因此老商埠急需进行一场革新，洗尽衰老之气，重获繁荣。

我们一行来到商埠调研，并在山东建筑大学举行前期答辩。

前期调研存在一定不足和局限性，后期又进行多次补测。

### 中期汇报

我们带着中期成果相聚呼和浩特，我们畅所欲言，互相观摩，每支队伍都表达自己独特的构思，通过对城市发展历史、现状的认识来判断未来十年甚至几十年的城市发展状况。

我们的团队借鉴了当下常用的开发模式和经验，将这些经验作为我们的总体纲领，但纲领之下，细节是丰富多变的。

每一个细节都可以有创新、有突破，传统的整体规划思路保证了老商埠可以迅速融入现代都市生活，创新的具体策划又避免了老商埠再次被济南的整体发展浪潮抛弃。

将商埠区打造成真正的历史经济文化中心区，有利于商埠区的长远发展。

整个交流过程就是一个碰撞、思考、融合的过程，也许这就是学术和教育应有的状态吧。

### 终期汇报

历经两个半月的设计，我们带着"老商埠变新商埠"的城市设计成果来到北京。

通过对济南老商埠区这"城中一点"的探索，我们对整个城市的"死与生"有了新的认识。

一座城的优势与弊病不是某一类人造成的，更不是城市设计者决定的。

城市（或某一片区）的兴衰是每一位居住在此的公民和国家共同"努力"形成的。

在北京，虽然我们每个学生、每位老师都为最后的方案付出了最后一份心力，但我们仍然觉得"心有余而力不足"。

从宏观到微观，这期间需要社会各界的专业人士来出谋划策，合理分工，共同努力，不是一位或一些城市规划师就可以做到的。

最后的成果和前期调研的衔接较弱，存在很多不足，但这次接触到城市设计对我们的影响很大。

烟台大学建筑学院

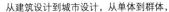

从建筑设计到城市设计，从单体到群体，
感悟到城市是由建筑、绿化、道路、水系、人文风景等共同组成的服务于人的空间，
涉及社会、哲学、艺术、经济、政治、科学技术以及其他社会层面，
并对各个领域都有着本质的影响，需要我们做到"全景的学科视野，多重的训练循环"。
本次设计之旅，有收获也有遗憾……我会在设计这条道路上走下去。
还有三个感谢：
感谢组委会提供这次机会，感谢老师们的辛勤指导，感谢伙伴们坚持不懈的努力与付出。

刘玉飞
烟台大学

通过这次城市设计作业，我对城市更新及发展有了初步的了解，
同时对建筑和城市之间的关系也有了更加深刻的认识。
当涉及城市设计时，需要考虑很多，不仅仅是建筑及其围合的空间，
同时也要考虑到城市的文脉、交通，甚至是经济效益。
城市设计不是在二维上的操作，也不是在三维上的操作，它是在更高维度上进行的整合分析。
建筑是城市的一部分，是有机体中的细胞，它承担着重要的城市责任，
好的建筑应该从城市的角度出发，为城市有机的代谢过程做出贡献。

王鹏程
烟台大学

首次接触城市设计，我对设计的方法和方向都很迷茫，但通过这个阶段的不断调研和学习，
打破了自己原有的对建筑单体的认识，视野转向宏观，结合城市自身属性，从城市角度出发。
城市设计是综合性的，需要协调各个领域并考虑到人与城市的关系，
在三维的空间坐标中化解矛盾。
本次设计的整体时间局促，但城市设计是一个漫长而复杂的过程，我们要做的还有很多，
小组成员在合作和讨论中共同进步，除了掌握了必要的专业性知识外，学会合作也是一大收获。
大家一起并肩作战的时光是美好难忘的。

黄丽妍
烟台大学

在城市整体发展过程中，城市设计扮演着联系上下、协调整体的重要角色。
城市设计侧重城市中各种关系的组合，是一种整合状态的系统设计。
城市设计具有艺术创作的属性，以视觉秩序为媒介，铺垫地区文化、表现时代精神，
并结合人的感知经验建立起具有整体结构性特征、易于识别的城市意象和氛围。
对于设计城市，我们要学习和探索的方面还有很多。
城市设计，不仅专业人士有发言权，
城市中的每一位公民都应参与进来，共同维护、更新我们的家园。

韩梦莹
烟台大学

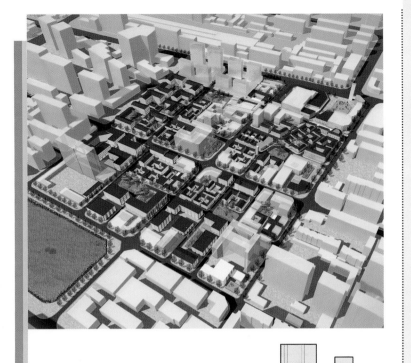

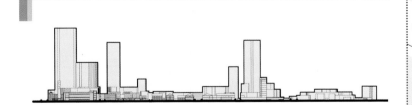

烟台大学建筑学院
SAYU1984

TEAM

这次北方四校联合城市设计——济南商埠风貌核心区保护与更新，
对我们每个人来说不仅仅是大学期间的一个课程设计，
它让我们走出校门，以建筑、城市的眼光去观察社会，
两个多月来我们进行的调研、思考、研究、交流、碰撞、融合、
再探究、再思考的过程是教科书上那些技巧和规则不能比拟的。
而观察的意识和思考的习惯也许只有在这样的课程设计中才能被培养起来。

烟台大学一组

商埠区历史建成环境密集，曾经历几次繁荣与兴衰，近年来愈发呈现衰落、破败之势。当城市的功能日趋完善后，文化的多元性转化渐渐改变了人们传统的生活方式。如何将商埠区的历史文化精髓与济南当下城市转型发展及人的需求结合起来，成为本次城市设计的核心主题。从文化、产业、交通、人群、公共空间五个要素出发，通过从整体城市设计到分区城市设计，以及从场地中人的生活、环境和需求出发的设计过程，将自上而下的梳理和自下而上的推敲相互融合，从而实现通·向复兴的设计理念。

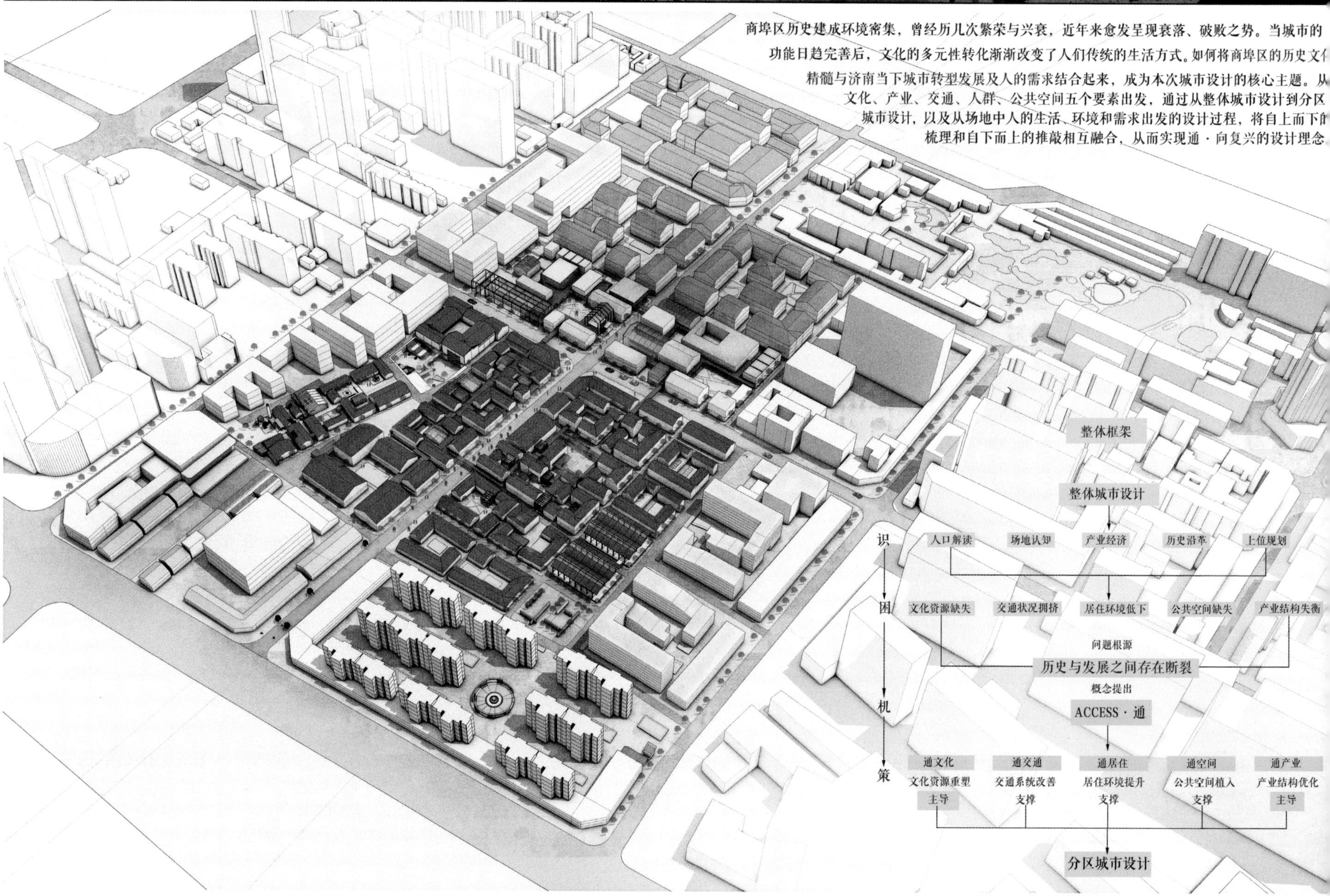

整体框架

整体城市设计

识

| 人口解读 | 场地认知 | 产业经济 | 历史沿革 | 上位规划 |

困

| 文化资源缺失 | 交通状况拥挤 | 居住环境低下 | 公共空间缺失 | 产业结构失衡 |

问题根源

历史与发展之间存在断裂

概念提出

ACCESS·通

机

策

| 通文化 | 通交通 | 通居住 | 通空间 | 通产业 |
| 文化资源重塑 | 交通系统改善 | 居住环境提升 | 公共空间植入 | 产业结构优化 |
| 主导 | 支撑 | 支撑 | 支撑 | 主导 |

分区城市设计

整体解读

历史沿革解读

济南城区拓展图

商埠区拓展图

城市向西发展，促使经济双中心的出现

生态解读

济南市月平均气温（℃）　　　月平均日照时数（小时）　　　济南市月平均降水量（mm）

全年气温呈季节性变化　　全年日照强度大　　全年降雨呈季节性变化
四季分明　　　　　夏季日照充足　　夏季降雨充沛

济南地处中纬度地带，由于受太阳辐射、大气环流和地理环境影响较，属于暖温带半湿润季风型气候。其特点是春季风明显、四季分明，春季干早少雨、夏季温热多雨、秋季凉爽干燥、冬季寒冷少雪。夏季受东南季风影响，冬季受西北季风影响。

人口解读

出入人流量分析

济南市交通流量分布结构

性别比例　　学历分布　　年龄构成

经济解读

山东省2006-2015年GDP变化趋势　　　济南市2006-2015年GDP变化趋势

2006至2015年间，山东省GDP不具有明显的波动，呈现出趋中趋缓的增长趋势，这与近年来资源产品需求减少、能源经济的下行有一定关系。

2006至2015年间，济南市地区生产总值呈现逐步上升趋势。2015年实现地区生产总值6100亿元，比上年增长8.1%。第三产业占据经济主导地位，有利于城市商业市场的繁荣发展。

生态解读

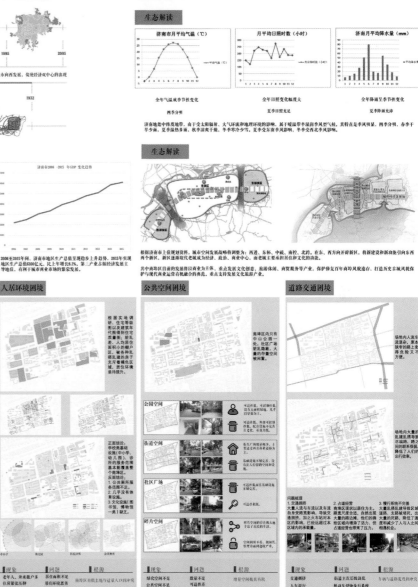

根据济南市上版规划资料，城市空间发展战略将调整为：西进、东拓、中疏、北聚、南控。在东、西方向开辟新区，将新建设和新功能引向东西两个新区，新区逐渐现代化城市与经济、政治、商业中心，而老城主要承担居住和文化旅游功能。

其中商埠区目前的发展将以商业为主体，重点发展文化创意、旅游休闲、商贸服务等产业。促使修复百年商埠风貌改造、打造历史古城风貌保护与现代运营有机结合的典范、重点支持发展文化旅游产业。

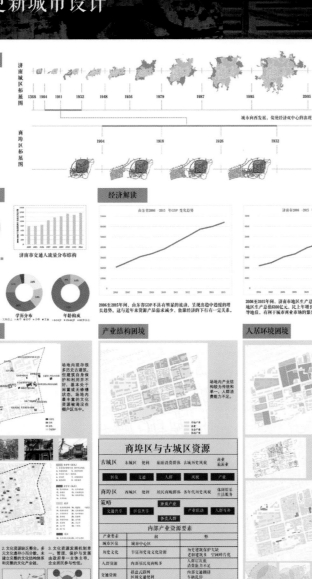

历史文化困境

产业结构困境

人居环境困境

公共空间困境

道路交通困境

商埠区与古城区资源

内部产业资源要素

现象　问题　根源

烟台大学二组

# 济南商埠风貌核心区保护与更新城市设计

2016北方四校联合设计

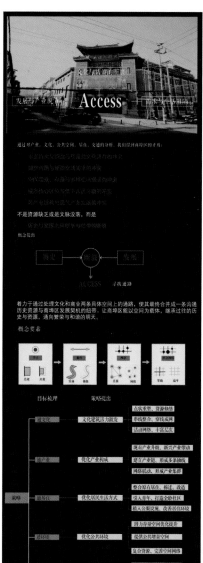

发展与产业风貌 **Access** 历史与文化风貌

通过对产业、文化、公共空间、居住、交通的分析，我们得到商埠的矛盾：

不是资源缺乏或是文脉没落，而是

历史与资源大面积孤寡单向的缺失

概念提出

着力于通过处理文化和商业两条具体空间上的通路，使其最终合并成一条沟通历史资源与商埠区发展契机的纽带。让商埠区能以空间为载体，继承过往的历史与资源，通向繁荣与和谐的明天。

概念要素

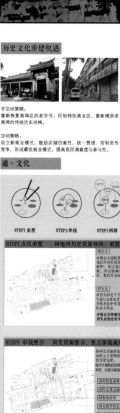

目标梳理　　　策略提出

## 历史文化重建机遇

非空间策略：
重新恢复商埠区的老字号，民俗特色商业区，重新增添老商埠的传统历史风格。

空间策略：
设立新商业模式，鼓励店铺创意性，统一管理、控制恶性竞争，形成最优商业模式，提高居民满意度与参与性。

## 产业结构优化机遇

非空间策略：
商埠区废弃楼房很多，但是结构保持完整，只需要政府投资，改造修缮即可给许多年轻人就业的机会。带入活力元素，传承商埠文化的同时带动经济，完善产业链结构。

空间策略：
将结构完整的建筑改造、装修，充分利用废弃空间。

## 居住环境提升机遇

非空间策略：
给青年人提供自主创业机会，同时设立选择性廉租房，引入青年力量，缓解人口老龄化，在商住一体的模式下实现社区动态自循环。

空间策略：
建立新型社区，它是适应城市现代化的要求，以地域性为特征，以认同感为纽带的社区组织体系，居民的素质和整个社区文明程度高，人际关系和谐。

## 公共空间重塑机遇

非空间策略：
商埠区消极空间很多（甬道、废楼、荒置空间等），充分利用闲碎空间，建立更多的广场，将原始、自然的环境引入城市，提供人与自然亲近的机会。

空间策略：
寻找城市消极空间并激活，同时建立各种尺度公园体系。

## 交通系统通畅机遇

非空间策略：
减少大量车辆乱停乱放，给步行交通系统提供可能性。减路边车位来扩大道路的通畅性，优化街边环境，扩大绿化面积。

空间策略：
增设步行街慢性系统，合理开发，利用地下空间。

## 通·文化

STEP1 重塑　STEP2 串线　STEP3 网络

**STEP1 点状重塑** 场地内历史资源修缮、重塑

**STEP2 串线整合** 同类资源整合、整点穿线成网

**STEP3 活动网络** 活动与资源整合，丰富旅游线路层次

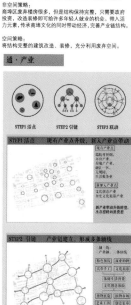

## 通·产业

STEP1 活点　STEP2 引线　STEP2 联动

**STEP1 活点** 现有产业点升级，新入产业点带动

**STEP2 引链** 产业链建立，彩成多条轴线

**STEP3 网络联动** 交通植入配合，形成产业集群

## 通·居住

STEP1 整合　STEP2 定位　STEP3 改善

**STEP1 整合** 老居住拆迁整合、改造

**STEP2 定位** 特殊社区打造

**STEP3 改善** 植入公服配置、改善基础环境

## 通·公共

STEP1 优化　STEP2 植入　STEP3 网桥

**STEP1 优化** 现状潜力空间优化提升

**STEP2 植入** 新增升线

**STEP3 构建网络** 复合资源、完善空间网络

## 通·路网

STEP1 打通　STEP2 联通　STEP3 完善

**STEP1 打通** 交通网络升级强化

**STEP2 联通** 完善慢行体系与特殊交通

**STEP3 完善** 交通配套服务植入

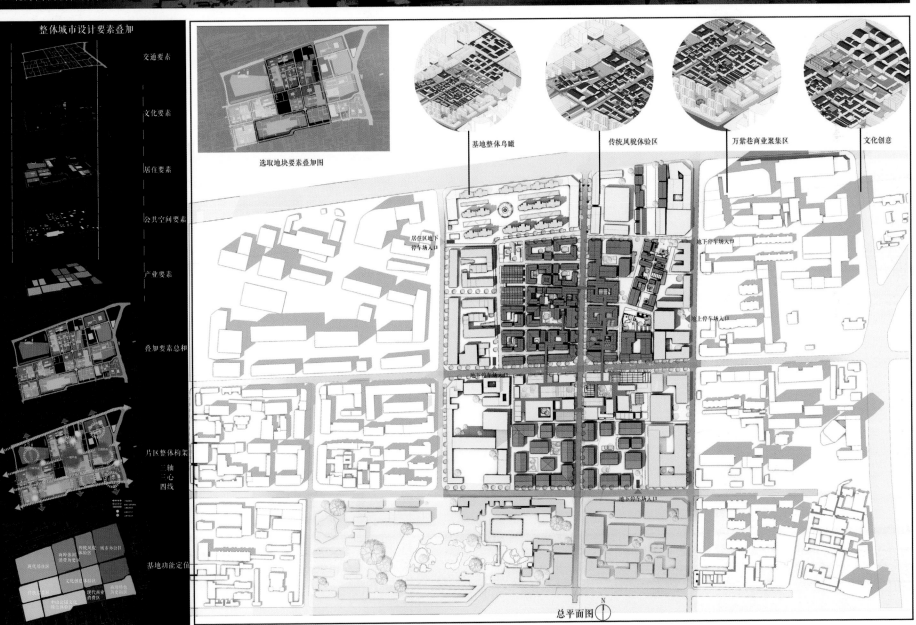

整体城市设计要素叠加

交通要素

文化要素

居住要素

公共空间要素

产业要素

叠加要素总和

片区整体构架
三轴
三心
四线

基地功能定位

选取地块要素叠加图

基地整体鸟瞰　　传统风貌体验区　　万紫巷商业聚集区　　文化创意

总平面图

## 基地定位

以文化休闲消费为主导，文化创意复合的历史商业区

基地区位选取
基地面积：20.8公顷
策略：通过风向串联三个地块带动商埠区整体片区发展。

区块功能定位
传统风貌保护区
文化创意产业区
市民休闲旅游区

基地整体布局
两城：内核、界面

四个节点：旧建筑 老文化 新风貌 新字号
新建筑 新创意 新建筑 新生活

整体空间构架：四轴 两域 四点 一线

### 空间结构 图例
游人慢行轴
交通联系轴
游人游览节点
历史资源节点

### 功能布局
历史文化体验区
老字号景观展览游览区
商埠历史沿革茶馆区
小尺度街区社区
与邻老街商业区
旧物售市场
民宿休闲区
酒店共居住宿区

### 交通组织
一级主干路
二级主干路
城市次干路
步行主街
步行次街

### 公共中心组织
城市级公共活动中心
社区级公共活动中心

### 流线组织
游人流线
居民流线
复合流线

### 景观结构
生态景观
中山公园
街巷景观

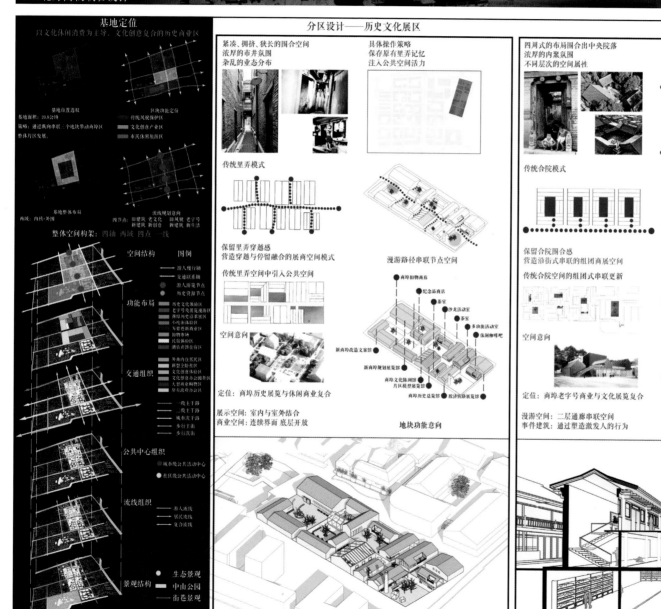

## 分区设计——历史文化展区

紧凑、拥挤、狭长的围合空间
浓厚的市井氛围
杂乱的业态分布

具体操作策略
保存原有里弄记忆
注入公共空间活力

传统里弄模式

流线规划意向

保留里弄穿越感
营造穿越与停留融合的展商空间模式

漫游路径串联节点空间

传统里弄空间中引入公共空间

空间意向

- 商埠旧物商店
- 纪念品商店
- 茶室
- 沙龙活动室
- 茶室
- 多功能活动室
- 休闲咖啡吧
- 新商埠改造文案馆
- 新商埠规划展览馆
- 商埠文化陈列馆
- 片区模型展览馆
- 商埠历史总览馆
- 胶济铁路展览馆

定位：商埠历史展览与休闲商业复合

展示空间：室内与室外结合
商业空间：连续界面 底层开放

地块功能意向

## 分区设计——老字号文化商展区

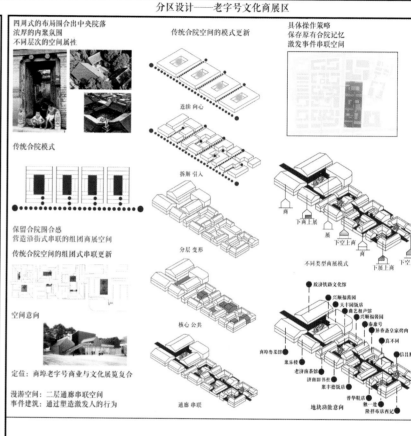

四周式的布局围合出中央院落
浓厚的内聚氛围
不同层次的空间属性

具体操作策略
保存原有合院记忆
激发事件串联空间

传统合院空间的模式更新

连续 向心

拆解 引入

分层 变形

核心公共

通廊 串联

传统合院模式

保留合院围合感
营造沿街式串联的组团商展空间

传统合院空间的组团式串联更新

空间意向

不同类型商展模式
- 下商上展
- 下展上商
- 下空上展

- 胶济铁路文化馆
- 兴顺福酱园
- 天丰园饭店
- 曲艺相声园
- 兴顺福酱园
- 瑞蚨祥
- 草包包子铺
- 异香斋皇家烤肉
- 真不同
- 商埠鲁菜馆
- 聚乐楼
- 老济南茶馆
- 济南旧书店
- 聚丰德饭店
- 普华鞋店
- 独一处
- 隆祥市店西记

定位：商埠老字号商业与文化展览复合

漫游空间：二层通廊串联空间
事件建筑：通过塑造激发人的行为

地块功能意向

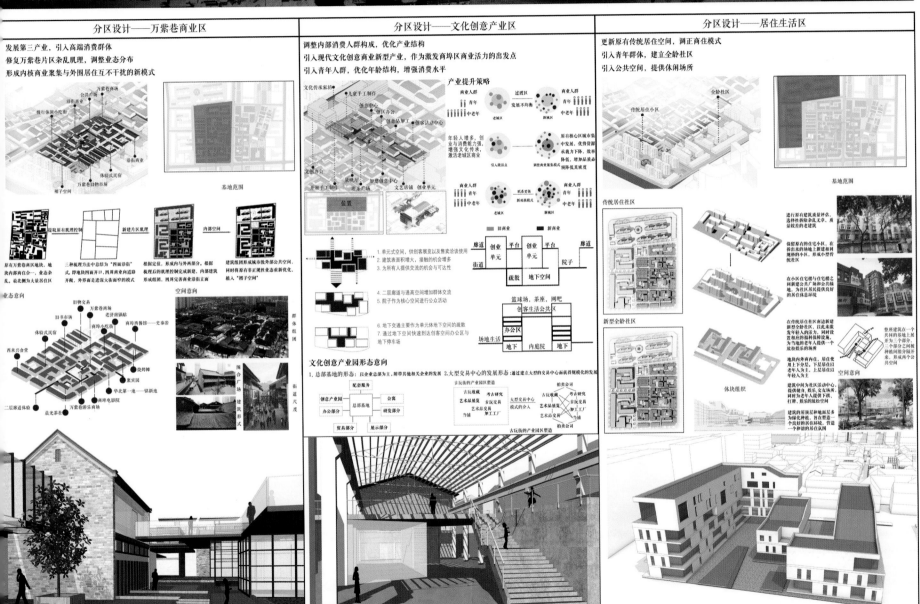

## 分区设计——万紫巷商业区

发展第三产业，引入高端消费群体

修复万紫巷片区杂乱肌理，调整业态分布

形成内核商业聚集与外围居住互不干扰的新模式

## 分区设计——文化创意产业区

调整内部消费人群构成，优化产业结构

引入现代文化创意商业新型产业，作为激发商埠区商业活力的出发点

引入青年人群，优化年龄结构，增强消费水平

## 分区设计——居住生活区

更新原有传统居住空间，调正商住模式

引入青年群体，建立全龄社区

引入公共空间，提供休闲场所

## 通·文化

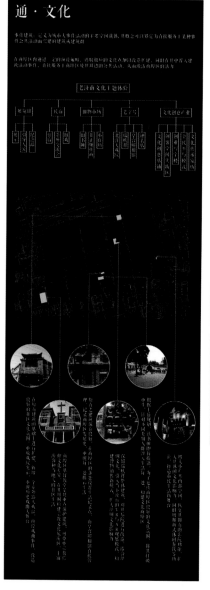

## 通·文化——书吧加建

加建·书吧

月过碧窗今夜酒，雨昏红壁去年书

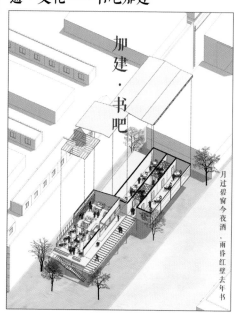

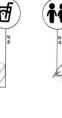

## 通·文化——戏台加建

加建·戏台

人生如戏·全靠演技·戏如人生·何必当真

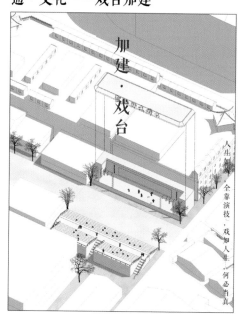

## 通·文化——瑞蚨祥改建

改建·瑞蚨祥

流霞飞舞·群青深处·你我曾相遇的地方

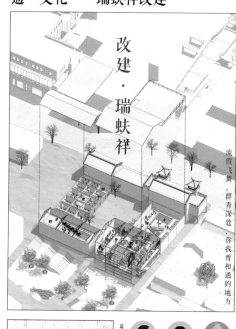
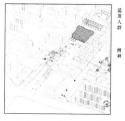

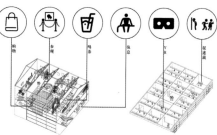

## 控制性详细规划

| 图例 | 地块控制指标 | | | | | 说明 |
|---|---|---|---|---|---|---|
| | | A-01 | A-02 | A-03 | A-04 | A-05 | |
| 道路红线 / 绿化控制线 / 建筑退界 / 建议高层外墙线 / 建议开放空间 / 人行道路 / 禁止机动车开口 / 地块边界 / 建议机动车出入 / 路缘石线 | 用地性质代码 | G1 | G1 | C21 | C25 | G3 | ①公共绿地，宽度6~8m，获得更大绿化面积及公共休憩空间。 ②消防通道不小于6m。 ③居住区消防间距不小于30m。 ④建筑高度上限为60m。 ⑤主要街道步行系统宽9m。 ⑥地段大主要商业系统由廊道相连，加强了老字号的街围。 ⑦西侧新型社区Loft使商业与居住区形成一种过渡。 |
| | 用地性质 | 公共绿地 | 广场用地 | 商业用地 | 旅馆业用地 | 广场用地 | |
| | 用地面积（万） | 0.12 | 0.08 | 1.5 | 0.24 | 0.08 | |
| | 容积率 | — | — | 0.7 | 1.2 | — | |
| | 建筑密度（%） | — | — | 68 | 75 | — | |
| | 建筑限高（m） | — | — | 12 | 20 | — | |
| | 配建车位（个） | — | — | 20 | 6 | — | |
| | 绿化率（%） | 90 | 80 | 10 | 10 | 70 | |

| 图例 | 地块控制指标 | | | | | 说明 |
|---|---|---|---|---|---|---|
| | | B-01 | B-02 | B-03 | B-04 | B-05 | |
| 道路红线 / 绿化控制线 / 建筑退界 / 建议高层外墙线 / 建议开放空间 / 人行道路 / 禁止机动车开口 / 地块边界 / 建议机动车出入 / 路缘石线 | 用地性质代码 | C36 | G3 | C34 | G1 | C23 | ①公共绿地，宽度6~8m，获得更大绿化面积及公共休憩空间。 ②消防通道不小于6m。 ③居住区消防间距不小于30m。 ④建筑高度上限为60m。 ⑤主要街道步行系统宽9m。 ⑥建议提供室外展览与观演类平台，提供老商区文化的室外商业价值。 ⑦老字号二层为平台单元，由廊道连接，商业与展览单元一体化。 ⑧地下空间与地上空间互相连接，内部空间扩大。 |
| | 用地性质 | 文娱用地 | 广场用地 | 展览用地 | 公共绿地 | 办公用地 | |
| | 用地面积（万） | 0.72 | 0.2 | 0.44 | 0.14 | 0.9 | |
| | 容积率 | 1.5 | — | 0.6 | — | 2.4 | |
| | 建筑密度（%） | 65 | — | 60 | — | 72 | |
| | 建筑限高（m） | 20 | — | 8 | — | 20 | |
| | 配建车位（个） | 50 | — | — | — | 100 | |
| | 绿化率（%） | 10 | 80 | 90 | 80 | 25 | |

| 图例 | 地块控制指标 | | | | 说明 |
|---|---|---|---|---|---|
| | | C-01 | C-02 | C-03 | C-04 | |
| 道路红线 / 绿化控制线 / 建筑退界 / 建议高层外墙线 / 建议开放空间 / 人行道路 / 禁止机动车开口 / 地块边界 / 建议机动车出入 / 路缘石线 | 用地性质代码 | 行政办公 | C21 | C-03 | G3 | ①公共绿地，宽度6~8m，获得更大绿化面积及公共休憩空间。 ②消防通道不小于6m。 ③居住区消防间距不小于30m。 ④建筑高度上限为60m。 ⑤主要街道步行系统宽9m。 ⑥原有办公不动，保持原来的功能。 ⑦创意实践区由主体公共建筑串联其他实践单元，提供全民参与的机会。 ⑧地下停车场为产业区与办公区之间的空间来组织地上、地下之间的联系。 |
| | 用地性质 | 行政办公 | 商业用地 | 公共绿地 | 广场用地 | |
| | 用地面积（万） | 0.7 | 1.85 | 0.1 | 0.15 | |
| | 容积率 | 2.8 | 0.76 | — | — | |
| | 建筑密度（%） | 40 | 70 | — | — | |
| | 建筑限高（m） | 60 | 16 | — | — | |
| | 配建车位（个） | 30 | 50 | — | — | |
| | 绿化率（%） | 20 | 15 | 80 | 70 | |

| 图例 | 地块控制指标 | | | | 说明 |
|---|---|---|---|---|---|
| | | D-01 | D-02 | D-03 | D-04 | |
| 道路红线 / 绿化控制线 / 建筑退界 / 建议高层外墙线 / 建议开放空间 / 人行道路 / 禁止机动车开口 / 地块边界 / 建议机动车出入 / 路缘石线 | 用地性质代码 | G1 | C36 | C23 | G1 | ①公共绿地，宽度6~8m，获得更大绿化面积及公共休憩空间。 ②消防通道不小于6m。 ③居住区消防间距不小于30m。 ④建筑高度上限为60m。 ⑤主要街道步行系统宽9m。 ⑥创意实践区由主体公共建筑串联其他实践单元，提供全民参与的机会。 ⑦新商业部分与一期商业区相适应。 ⑧创意办公区将引进来的年轻人活动置于建筑顶层，与原有场地活动分开。 |
| | 用地性质 | 公共绿地 | 文娱用地 | 办公用地 | 公共绿地 | |
| | 用地面积（万） | 0.06 | 0.9 | 1.08 | 0.02 | |
| | 容积率 | — | 0.7 | 2.6 | — | |
| | 建筑密度（%） | — | 68 | 70 | — | |
| | 建筑限高（m） | — | 24 | 27 | — | |
| | 配建车位（个） | — | 80 | 120 | — | |
| | 绿化率（%） | 80 | 30 | 10 | 90 | |

## 产业系统导则

| 类型 | 更新方式 | 触媒项目类型 | 开发主体 | 模式参考 | 限高 |
|---|---|---|---|---|---|
| 民俗历史风貌区 | 民居整体保留修缮，原住民保留，商되业类型统一 | 民俗手工、古玩商品、药材园林、特色咖啡、茶馆、小吃、中高端餐饮 | 政府、居民 | 上海田子坊、成都宽窄巷子、磁器口 | 16m |
| 创意文化产业区 | 无特色风貌的原住区拆迁，特色楼栋更新利用，整体规划创意产业园及适宜低收入创业者的新居住小区 | 艺术、摄影、广告、游戏动画、创意产业、生活服务配套设施、社区公共空间 | 政府、运营方 | U73创意仓库、798艺术工厂 | 20m |
| 商业区 | 两个复合点：1. 上空开发空间和运动步道区；2. 商埠休闲步道、景观节点 | 商埠茶馆、咖啡吧、酒吧、公共图书馆、wifi共享 | 政府、运营方 | 洪崖洞、纽约水上巴士 | 24m |
| 历史商业街区 | 原历史建筑复原、广场、街巷空间复原、展览馆、文化纪念场所修缮，加入商业开发 | 展览馆、纪念馆、商埠区商业街 | 政府、运营方 | 上海新天地 | 30m |
| 文化商业街区 | 业态更新，原市政整容提升，植入文化旅游设施、艺术展览馆 | 中山公园艺术展览馆、城市级市市 | 政府、运营商 | 上海人民公园、纽约泪珠公园 | 24m |
| 互联创意园 | 原建筑拆迁，整体城市更新开发，修建与周边高楼层相符合的商务写字楼 | 互联网创业区、金融商务区 | 政府、运营方 | 东京六本木 | 60m |
| 买卖市场 | 现有街巷空间肌理保留，原建筑拆迁后，复建建筑须与老商埠风貌相融合 | 综合批发市场建立，创新市场，潮流品牌聚集城 | 政府、业主、运营商 | 韩国东大门、成都春熙路 | 30m |

## 文化系统导则

| 街巷宽度 | 区位 | 传统生活街区 | 文保单位建筑 | 文化产业 | 更新社区 |
|---|---|---|---|---|---|
| D≤3m | 主要位于传统生活型历史街区及主干道 | D/H = 1 | D/H < 1 | D/H > 1 | 不建议该类地段街巷宽度在12m以上 |
| 7m<D≤12m | 主要为历史街区及较大开放的公共空间 | 除了位于传统历史风貌区内的文保单位，不建议开发的历史街巷宽度在3m以下 | D/H < 1/2 | D/H > 2 | 不建议该类地段街巷宽度在12m以上 |
| | 主要位于风貌协调区的次干及街与城市历史风貌区的公共街巷 | 正在拆除地段，建议以恢复街巷尺度为主，为改善通行，可适当拓宽风貌街道 | D/H < 1 | D/H > 1 | 建议拓宽现代更新社区内部街道宽度 |
| D>12m | 主要位于风貌协调区和城市风貌区的城市主干道 | 不建议该地段街巷宽度在3m以下 | 基本位于城市风貌区，不建议拓宽现代更新社区内部街道宽度 | | 不建议该类地段街巷宽度在12m以上 |

## 公共空间系统导则

城市公园及广场设计总则：

1. 在面对赏心悦目的自然风景的绿地里放置长椅，在公园里保留一块让植物自然生长的地区，在自然环境中或沿着自然环境设置蜿蜒曲折的道路。
2. 景观性好，有重要功能节点处应设城市广场。
3. 用解说性标牌标明植物的名称，公园设施的特色，甚至公园的历史。
4. 给那些不需大量修剪的树木适当的空间。
5. 创造一个交通系统，连接些不穿越所有的社交中心，提供一个相对开放的布局，可以很快地将公园扫视一遍。

交通、商业、文化性公共空间设计总则：

1. 重塑商埠特色文化，激活地段公共空间，提供多层次、便捷的生活道路和历史文化道路。
2. 在街道、廊道节点处安排便捷的交通，从起点到终点构建了富有活力的公共空间。串联各个产业文化功能分区，最后形成了一个连续性高、功能复合度高的传统风貌的商业街区。
3. 在文化遗址地段，设计引导性开放流线。

社区公共空间设计总则：

优化现有的联系商埠区的步道，从可识别、可通达、可活动三个方面来强化步道的使用品质。然后利用廊道形成特殊交通网络，给予居民多维的出行选择，完善对内、对外交通联系，方便居民出行。

## 道路交通系统导则

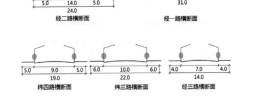

| 5.0 | 14.0 | 5.0 |
|---|---|---|
| | 24.0 | |
| 经二路横断面 | | |

| 31.0 |
|---|
| 经一路横断面 |

| 5.0 | 9.0 | 5.0 |
|---|---|---|
| | 19.0 | |
| 纬四路横断面 | | |

| 6.0 | 10.0 | 6.0 |
|---|---|---|
| | 22.0 | |
| 纬三路横断面 | | |

| 4.0 | 7.0 | 4.0 |
|---|---|---|
| | 14.0 | |
| 经三路横断面 | | |

## ●——前期调研：人与场所感的认知

济南老商埠区是济南的特色街区，场地内部生活丰富，场所感强烈。在对前期网络资源的收集与了解之后，需要有一个系统的调研方式使我们去了解构成这种场地生活的要素，从而了解当地居民的生活方式与济南文化。

我们对调研本身的内容产生了一些讨论，首先这种调研模式针对场地内的人群，不能代表其他人的意见，并且调研容量与调研周期的确定影响结果的准确度。我们采取了居民问卷访谈、活动观察、环境记录等方式，其目的一是得到场地人群对场地的评价，从而寻求可以通过城市设计改善的要素，二是对场地人群行为的分析可以了解当地生活习惯，在重新设计场地的时候保留其某些行为的产生条件。这次调研的结果是与上位规划、场地关系、业态关系平行的要素，可以让我们快速了解当地情况。

感触：在特定的调研模式之下，针对人群的调研占了大部分工作量，场地本身的建筑尺度与基本关系并没有很好地归类总结，缺乏基本的认识。答辩结束后，我们及时地进行了补充调研。各个方面的问题都需要顾及，不能被一种方法所限制。下一步的做法就是归纳这些已有的条件。

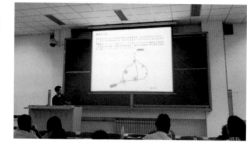

## ●——中期归纳：方法论的探讨

总结和归纳之后，所讨论的平行问题过多，导致我们无法直接确定场地。到底如何操作能解决这么多的问题，操作范围在哪？我们开始了一周的关于类型的讨论，这时候意识到，必须有一套方法论来指导如何定位。我们找了一些案例，但又有了新的问题，城市规划和城市设计，各种分析模式对于不同项目也有着巨大差异。我们的目的是要通过一种方法论来归纳前期分析，从而得到概念定位与理性的场地格局。最终我们选择了从城市总体设计到分区城市设计中常见的要素叠加方式作为设计的开始，最后将策略图叠加起来得到结果，从而将新建与原场地环境需求融合到一起，加强整体控制。

感融：其实前期调研与中期采用的这些方法都有其限制性，开始我们就主观地认为这片场地保留的可能性更大，在这个基础上选择操作手段，其结果导向性是一定的。这样一来，我们失去了从大规模拆建的思路上进行讨论。不过作业训练的内容是有限的，讨论的范围是无限的，纠结适可而止。

## ●——后期深化：表达抽象内容

到了这个阶段，前期的内容是扎实的，所以我们的表达主要是一个验证前期分析的过程，我们深知，相对于成熟的建筑师，学生对于尺度和关系的了解是不成熟的，并不能一次性得结果。所以我们预留了两周的时间来尝试，通过各自摆体块、辅以插件模型来探讨。反复推翻进行调整，发现中期所预想的结果与实际操作有悖，主要是在于之前讨论结果所导向的操作内容并不能具有很强的说服力。这时我们返回对单个要素策略处理的阶段，根据上位规划和地块定位重新对策略梳理和要素叠加，得到的结果比中期没有根据的结果更加清晰。在老师的悉心指导和全员的努力下，最终得到较为满意的结果。

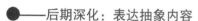

### 整体城市设计要素叠加

我们选择了从城市总体设计到分区城市设计中常见的要素叠加方法作为设计的开始，将产业、文化、交通、人居、环境作为最主要的五大要素，从前期各个要素的定位，到针对各要素的策略，最后将策略图叠加得到结果，我们大体可以看到前进的方向。

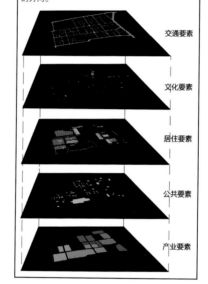

交通要素

文化要素

居住要素

公共要素

产业要素

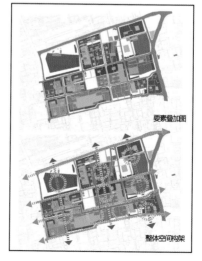

要素叠加图

整体空间构架

### 分区城市设计定位

**以文化休闲消费为主导，文化创意复合的历史商业区**

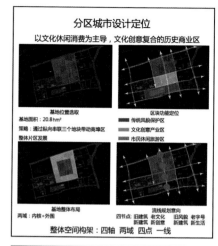

基地位置选取
基地面积：20.8hm²

区块功能定位
■ 传统风貌保护区
■ 文化创意产业区
■ 市民休闲旅游区

策略：通过纵向串联三个地块带动商埠区整体片区发展

两域：内核+外围

四节点：旧建筑 老文化 旧风貌 老字号
新建筑 新创意 新生活

流线规划意向

整体空间构架：四轴 两域 四点 一线

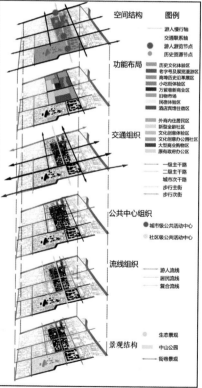

空间结构
游人慢行轴
交通联系轴
● 游人游览节点
历史资源节点

功能布局
历史文化体验区
老字号展览观光区
商埠历史遗迹片区
小吃街体验区
万紫巷新商业区
旧商市场
居民住宅区
酒店宾馆住宿区

交通组织
外商内住居民区
新型全龄社区
文化创意社区
文化创意办公圈社区
大型商业购物区
原有政府办公区

一级主干路
二级主干路
城市次干路
步行主街
步行次街

公共中心组织
● 城市级公共活动中心
● 社区级公共活动中心

流线组织
游人流线
居民流线
复合流线

景观结构
● 生态景观
中山公园
街巷景观

图例

范勇

### ● 重要的不在于学习，在于乐呵

回想起十一周的城市设计，从前期调研到中期汇报再到末期答辩，每一次答辩PPT都是在上场之前还在改，每一次都惊心动魄，每一次都感觉自己的成果只差一天的工作量，每次总会告诉自己如果再给我一天，我会做得更好。这就暴露了很多问题。

效率低，前期松后期紧，第一次搞城市设计，毫无经验之谈，做起来更是费劲，返工、返工再返工。第一次五人合作做一个自己从未接触的课题，合作就出了很多问题，每个人的角色含糊不清，每一个人什么都在做，却不知道自己到底在做什么。一起讨论方案，都有自己的想法，更多的时间都花费在让别人听懂自己的想法上。组里的五个人来自于大三时五个不同的组，也就意味着来自于五个不同指导老师的学生聚在了一起，思维方式甚至是说话方式都不同，这直接导致了思想的剧烈碰撞，方案曾一度处于半停滞状态。

我们学校的城市设计课程刚刚起步，方法系统都不完善，老师、同学的经验也不足，做设计时一直觉得方法大于方案，大量阅读了文献，看了很多案例，为避免陷入建筑自身细节，总结了一套城规方法，但是当答辩看到兄弟学校的方案时，才意识到了方案的重要性。

常雪石

### ● 让思考成为习惯

最后悔以一种大拆大建的策略应对这次城市设计。

目前阶段，全球城市更新的关注重点从城市空间数量的提高逐渐转移到空间质量的提高上来。对于有着百年历史、几经动荡的济南老商埠而言，我们不应沉迷于以大拆大建的空间技法去表现"旧的结束"和"新的开始"，这种程式化的手法主义不是命题者的初衷。

相比于这种强干预方法下空间界面不可逆的改变，以"波澜不惊的旧界面梳理和新界面植入"为特征的中干预方法更适合如今的老商埠。

不拆是一种思考，不是回避。

我们不能让老济南重现老北京的悲剧。

刘嘉祺

### ● 教育的目的是为了获得自由

对这个视角更高且全然不同于建筑设计的课程作业，面对上千种的方向和可能，我们试图去寻找做设计的依据——方法。初期调研阶段，我们借助自上而下与自下而上结合的方法，先对场地进行整体性的认知。在实地调研中，我们从当地居民的生活着手，采取居民问卷访谈、活动观察、环境记录等方式，了解当地居民眼中的商埠区和他们对于商埠区的期待与展望，这对我们之后的设计方向有了潜在的导向性。中期开始，面对前期大量资料结合设计的问题，我们开始查阅论文，学习"老八校"的设计思路，采用要素叠加的方法，针对各要素实施策略，最后将策略图叠加得到结果，最终看到前进的方向。这个阶段是少不了循环往复的，也是极其痛苦的，从毫无头绪到理清思路，我们耗费了大量的时间，导致最后的结果在空间上的探讨甚少。

感想：城市设计这条路太长，我们的作业只是向前迈了一小步，太多的未知和可能会让人迷失方向。时间很短，我们必须选择一种方法并坚定不移地走下去。在这个漫长的过程中，虽然辛苦，但收获了很多知识，锻炼了自己的能力，结交了各学校的朋友，在这条建筑路上，大家共同成长、共同进步。

总结几条与君共勉：①关注当地人，关注使用者；②学会创新与自我突破；③不要避重就轻；④足够耐心，足够坚持；⑤懂得耐心，学会交流与合作；⑥保持热爱和强大的内心。

王大智

### ● 不忘初心，方得始终

通过这次城市设计的训练，思维由以前的只考虑建筑与周边环境因素，转为从城市这种更高的视角考虑。一座建筑在城市中的定位、对整座城市会产生怎样的促进作用，以及上位规划都是在做建筑设计时应该考虑的因素。第一次参加四校联合答辩，尽管苦、尽管累，但是自己的收获是别人所感受不到的。代表自己的学校参加答辩不仅仅是一种荣誉，更是认识外校朋友，与他们交流、学习的好机会，同时也认识到自己的能力有许多不足，希望在以后的学习中不断提高自己。我只想一心做设计，做没有建筑师的建筑，谨记：少一些功利主义的追求，多一些不为什么的坚持。

### ● 日常生活中实现新的意识

这次的小组合作感触深刻。首先是思维的差别。在上大学之前，所有人的生活方式不同，理解事物的方法不同，看法也有差别，在之前的三年教育中，老师轮换教学，在专业的理解上各有自己的理念。在这次合作中，这种差异充分地显现出来了。我们把这种差异分为四种：第一种是我们明白这件事情的本质，但是由于表述的不同，产生一些细节上的表达差异；第二种是对于做方案这一件事，每个人有各自的顺序，在某个方面的重视程度不一样，产生很大的差异；第三种，你所表达的抽象问题对方完全不理解，你所设想的结果无法准确地传达给他人；第四种，觉着有问题，但是不能表达出来，无法抽象成话语，使别人无法接收。其实产生这些差异的过程也是反思自己的一个过程。之前自己做方案，每个人都在做自己认为对的事情，想怎么做就怎么做；而一起做设计，反对的声音显得非常重要。结果其实不重要，这个过程让每个人都有对自己有新理解，这并不是能从他人经验中学来的，必须要亲身经历。

黄元

首先，我们从政策入手，根据济南政府划分的十二区发展目标看出：商埠区作为依靠商埠文化发展的"特色老城区"，与其他区域相比，其经济定位低，而文化定位较高，承载济南城市发展的重要一章。就此我们提炼出：保护建筑的利用以及文化元素的再丰富是片区发展的重要任务。

我们可以将政策的主要受益者理解为政府，再将视线从整个济南市凝聚于商埠区。分析区内业态可知：片区除国企和政府机关外，以居住区和小商品经济为主，得到商埠区设计的主要对象是商埠区内部居民，再辅以多样性业态，提供一个全面健康的商埠区发展新模式。

**总体定位**　　　　　**发展目标**

济南市总体规划将商埠区规划为"百年商埠特色区"，以独特的商埠文化带动商埠区产业发展。

片区遵从"以人为本"的发展模式，从片区居民入手，考虑城市市民及旅客，开发多样性产业，吸引潜在人流，改善社会人口结构；提升文化教育产业地位，形成开放空间格局，达到充分活跃片区、全面发展片区的目的。

**战略思路**

延续、织补传统肌理；
渐进式更新；
提高空间识别性；
调整人口产业结构；
城市发展弹性原则；

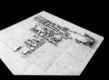

## 规划缘起

商埠片区道路沿东西、南北正交布置，呈方格网状。现有保护范围东至顺河高架路，西至纬十二路，南至经十路，北至胶济铁路，总用地面积800余公顷。

随着社会、经济、文化的发展，商埠区出现功能不齐备、结构不合理、风貌破坏严重、活力下降等问题，其生存和发展面临严峻挑战。面对新的历史时期、发展机遇和环境条件，怎样重新激活古老商埠的经济中心功能，焕发并保持其长盛不衰的经济活力？怎样正确对待历史文化遗产，妥善处理保护和利用的矛盾？未来商埠区将以怎样的面貌及形象示人？商埠地区更新发展应走怎样的路子和采用怎样的方法措施？都是需要认真思考和解决的问题。

## 背景分析

### 1. 项目背景

1904年胶济铁路开通，清政府在济南自主开埠，在城西门外，胶济铁路以南规划建设商埠区，创造了近代中国内陆城市对外开放的先河，并极大地促进了当时济南的社会发展及城市化进程。从自开商埠到历史重塑，济南老商埠凝聚着太多商业、文化、老字号留下的历史记号，见证了济南的城市发展和革新。商埠区自开始设立，就引入了现代城市规划布局、经营管理的理念。街区采用了南北向和东西向道路相垂直的棋盘式道路网格局，根据交通条件、建筑功能和市场需要及朝向划分街坊，形成规整的小尺度路网和人性化的街巷肌理，街区路网考虑了与旧城区及对外交通的衔接。商埠区中西文化交汇融合，形成了具有浓厚的历史文化、良好的商业氛围和宜人的步行尺度的特色街区和中西融合的建筑风貌。

纬二路以西、纬六路以东的地区，集中了外国领事馆、洋行、银号、公司、商号、商场、教堂、影剧院、娱乐场、饭店、旅馆等，成为当时济南市的经济繁华中心。商埠片区道路沿东西、南北正交布置，呈方格网状。如今，经一路、纬二路、经七路、纬十二路属市一级主干路，经四路、纬六路属市二级主干路，其他道路属城市次干路或支路。

### 山东省济南市城市空间发展目标

山东省委、省政府提出"济南五年大变样"目标，济南市委、市政府率领全市人民奋发努力，顽强拼搏，使济南经济快速发展，城市规模不断扩张，城市功能日益完善，城市环境逐步改善。近几年更是受到发展机遇的增多，开发压力的加大，良好的发展势态促使了行政区划的调整，为城市空间拓展和结构整合提供了机遇。

### 济南市城市空间结构与基地的关系

商埠区是在老城之西新建的商业区，邻近中央商业区、大观园和火车站，与周边区域共同形成城区多中心，具有重要的战略意义。

**商埠区**
**周边园区**

### 2. 区域交通

**商埠区**

济南是连接华东与华北的门户，是连接华东、华北和中西部地区的重要枢纽之一，济南地理位置优越，交通发达，是全省公路网络中心和高速公路中心枢纽。

### 3. 区域文化

#### （1）济南文化

济南，又称"泉城"，是国务院公布的国家历史文化名城之一，是全省政治、经济、文化、科技、教育和金融中心，也是国家批准的沿海开放城市和副省级城市。济南位于山东省中西部，具有两千多年的历史，是中华文明的重要发祥地之一。

济南周时代，济南为古谭国地。春秋战国时属齐地，秦代属济北郡，称历下邑。汉初，设济南郡，此为"济南"一名出现之始。隋代改济南郡为齐州。宋徽宗时升齐州为府。元代设济南府，属中书省。明初置承宣布政使司，治济南府，沿用明制。1929年，济南正式设市。1948年9月，济南解放，成立济南特别市市政府。

济南位于山东省的中西部，是京沪铁路与胶济铁路的交汇点，南面与列入世界自然文化遗产清单的泰山毗邻，北与被称为"中华民族母亲河"的黄河相依。

#### （2）泉城文化

济南素有"泉城"的美称。山东泰山山脉丰富的地下水沿着石灰岩地层潜流至济南，被北郊的火成岩阻挡，于市区喷涌而出形成众多泉水。在济南的七十二名泉中，约突泉、珍珠泉、黑虎泉、五龙潭四大泉群，以及章丘的百脉泉最负盛名。喷涌不息的泉水在市区北部汇流而成的大明湖和位于市区南部的著名佛教圣地——千佛山交相辉映，构成了济南"一城山色半城湖"独特的风景线。清冽甘美的泉水是济南的血脉，赋予这座城市灵秀的气质和旺盛的生命力。

#### （3）商埠文化

##### ①戏曲文化

济南自开商埠后，由一个封闭、保守、地方近代企业发展十分缓慢的政治型城市变为一个开放、进取、商业资本纷纷涌入的商业城市。活跃的经济刺激了人们对戏曲娱乐的需求。胶济铁路和津浦铁路的相继建成通车，为济南与京、津、沪之间的文化交流及全国戏曲界的名家大腕荟萃济南提供了很大便利。这一期间，人们改"词山曲海"为"书山曲海"。后一词又衍化成"曲山艺海"，成为人们公认的对济南戏曲、曲艺繁盛景况的形容。

##### ②影视文化

1904年，济南成为国内第一个自开商埠的城市。位于经三小纬二路的小广寒电影院就在那时由德国人创办，是济南最早的一家电影院。

##### ③展览

英国传教士怀恩光创建的济南第一家自然博物馆——广智院对外开放。

### 4. 区域产业

#### （1）区域经济比较

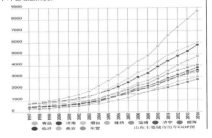

山东主要城市历年GDP图

### 发现问题：

济南市虽然实力过硬，是山东省会，但近年来GDP总量比不过青岛和烟台。

### 解决问题：

重启商埠区繁荣的景象，恢复商埠区往日的面貌，吸引外来游客，带动整体济南经济的发展。

#### （2）商埠区发展近况

2015年济南产业结构比例图

①经济保持稳定增长，第三产业比重持续提高。

②居民消费价格温和上涨，工业生产者价格低位运行，全年居民消费价格比上年上涨1.9%，其中食品价格上涨1.4%，工业生产者出厂价格下降5.0%，其中生产资料出厂价格下降6.4%，生活资料出厂价格上涨1.2%。

③现代服务业快速增长，全年现代服务业实现增加值1838.1亿元，增长12.4%，占全市服务业比重52.7%。

#### （3）区域功能分析

区域整体运营一般，各区域各自为政。居民区条件恶劣，商业缺乏统一规划。

住宅条件差距较大，旧街区矛盾尖锐，应改善居民的生活环境。

餐饮业较为发达，但是产业层次较低。

整体风貌一般，偏居民居住生活，街边立面不统一，停车问题严峻，没有进行合理规划。

#### （4）相关产业园区的研究

**戏曲文化园区**

**戏曲** 有着不可或缺的独特艺术魅力。戏曲的内涵包括唱、念、做、打，综合对白、音乐、歌唱、舞蹈、武术和杂技等多种表演方式，不同于西方的歌剧、舞剧、话剧。戏曲是人的自然本性的产物，它与发现、自我体认和自我愉悦的需求有关，戏曲的功能满足了人类的这种需求。戏曲是人类通过艺术手段最直接表现自身喜怒哀乐以及宣泄这些情感的渠道。

**创业园区**

**创业园** 致力于帮助中国新一代的创业者实现创业梦想，增加街区活力，改善城区内社会结构。

创业园与创意性办公场所相连接，同时结合商埠特色商业区，汇聚大量人流，提高整体片区活力。

结合邻近中心商业区地理优势、老城区物价低廉现状，以及改造后优质的办公生活环境，发展创业园区。

**商业街区**

**商业街** 是人流聚集的主要场所。采用东西向排列，以入口为中轴对称布置，建筑立面多采用骑楼，雨罩的元素使空间产生新的划分，室内空间既设置集中商业，又有零散店铺。商业街是现代商业模式与中国传统商铺的有机组合。商业街由众多商店、餐饮店、服务店共同组成，按一定结构和比例排列，是城市商业的缩影和精华，是一种多功能、多品种、多业态的商业集合体。

## 现状与方案对比分析

### 交通

**1. 步行系统**

\* 基地现状道路系统混乱，人行、车行道路混行，不利于行人行走。

\* 设计后的基地现状道路系统改善了之前的混乱状况，人行、车行道路尽可能分开，人在道路中行进有舒适感。

**2. 车行系统**

\* 基地车行基本通畅，体现了网络式布局的优势。由于片区建造年代过早，致使停车问题不能得到改善，片区内部车行入口也较少，不利于居民行车。

\* 增加基地车行入口，有助于活跃片区，方便市民生活和工作。

**3. 停车组织**

\* 场地停车混乱，停车场较少街边停车成为街区的主流，让本来就不是很开敞的街道变得更加拥堵，不利于车辆的通行，且对当地居民的安全造成隐患。

\* 增添停车场，减少街边停车，还原道路尺度，使得街区舒适性增加，便于当地居民使用。

**4. 基地入口**

\* 现有基地入口较少，区域较封闭，且没有界面直接面向城市开敞，区域封闭性强，阻碍了区域可达性，不利于区域发展。

\* 箭头的粗细表示了入口的活跃程度，多方位的入口表明了街区欢迎所有人到来的心态，展现出街区的包容性。

### 环境

**1. 场地绿化**

\* 基地现状绿化不足，仅有街边的树木，不足以成为一个系统，场地内除了中山公园以外，没有其他的绿化带，绿化单一。

\* 增加绿化场地，提高整体环境质量，有利于提高居民活跃度。

### 体块生成过程

改造前基地现状总览

针对基地内不同人群及不同城市功能，选取ABC三个区块作为入手点。

在A区块中根据建筑的保存状况和现有功能，规划保护建筑及改造建筑

整理肌理，选择出肌理混乱、状况破败的建筑进行拆除新建（或拆除，形成广场）

按照原有肌理新建建筑，注入新的功能（特色商业区及创业办公区）

B区块按照以上方式保留、拆除、新建，形成商埠特色民宿区

C区块按照以上方式保留、拆除、新建，形成文化产业区

由以上ABC三个区块带动，由外向内逐步更新发展，进行一定的拆除和界面打开。

内部区块新建改造，形成多功能疗养社区及新式居民区

加入方格网络街道系统

建筑和街道围合出多样化的城市开放空间

最终形成步行网络系统，联系城市开放空间及各个建筑实体

**2. 硬地铺装**

\* 设计硬地铺装。在整个街区的入口处设置大广场，引入人流，利用中心烟囱，并以其为圆心设计铺装，给人场地的界限感。随着步行系统的深入，学校处的铺装用来警醒过往的车辆慢行，可以起到对学生的保护作用。

**3. 景观小品**

\* 人在设计的步行系统中漫游，尺度舒适，绿化形成景观系统，景观构筑物和景观小品可提升街区的品质。

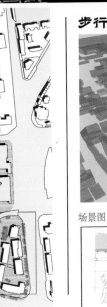

## 步行网络系统

场景图

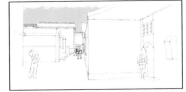

## 方案概述

### 总体导则控制

### 设计理念

1. 延续和织补传统城市以空间为核心的肌理，为使用者的多样化行为提供不同程度的开放空间。

2. 渐进式更新，透明式叠加，让日常生活充满矛盾性和复杂性。

3. 改建和扩建部分标志性建筑，提高传统城市空间的可识别性。

4. 旧建筑功能置换，吸引年轻人到老城区工作，改善现状及老龄化这种比较单一的社会结构，增加空间活力。

5. 丰富产业结构，改善产业单一的问题，促进区域健康发展，提高活力。

### 建筑

1. 保护：对年代久远的、保存状况良好的建筑进行保护；对产业功能活跃的建筑进行保护。
2. 改建：对建筑形式不符合场地已有功能的建筑进行改造。
3. 拆除：保存状况较差、产业层次较低、阻碍居民及游客休憩活动的拆除。
4. 新建：个别区域进行历史风貌的重建及保护，尝试新型生活模式，建造基础设施及公共服务类建筑。

### 空间

1. 广场：街角处设计城市开放空间，拆除个别建筑，打开街道界面，形成城市广场。
2. 市井：围绕商埠区居民日常生活，营造亲切的空间尺度，为市民的日常生活提供良好的空间体验。
3. 街巷：保留商埠区原有的街道肌理，营造舒适的邻里街巷空间。
4. 庭院：延续商埠区原有的空间结构（以围合和半围合的庭院空间为主）。

### 景观

1. 景观小品：在步行系统交汇处以及长距离的街道中设置景观小品，提高空间品质。
2. 硬地铺装：改善街道环境中铺装单调或者杂乱的情况，提高空间的辨识度和体验感。
3. 场地绿环：增加场地中绿化的场地，提高空间品质。

# 济南市商埠风貌核心区
# 保护与更新城市设计

## 综合性规划

### 方案效果图

### 资源

#### 资源要素配置

场地资源 文化资源 区位优势

历史保护建筑 百年商埠文化 邻近城市交通枢纽
中山公园 济南特色民俗 邻近万达商业中心
方格网布局
老城区空间肌理

#### 特色资源开发

**场地资源**

历史保护建筑
优势：保存状况良好，部分原驻产业依旧运行
劣势：公共性功能丧失，部分产业失去竞争力
策略：开放广场绿地，予以尊重
修缮恢复沿街风貌，形成整体风貌带

中山公园
优势：作为区域内绿化中心，富有活力
劣势：开放性差，内部活动人群种类较为单一
策略：打开界面
增加文化中心功能

方格网布局
优势：具有标志性，交通顺畅
策略：增加有商埠特色的路标
设置标识性建筑

老城空间肌理
优势：保留市民原有生活模式
劣势：内部房屋破败，不适应现代生活
策略：开发民宿，体验传统生活
重塑肌理，开发特色商业

强调老城区方格网布局，
设置地段标志性建筑

**文化资源**

百年商埠文化
优势：历史特殊，具有归属和认同感
策略：增加有商埠特色的路标
修缮、恢复、保留建筑风貌街道

济南特色民俗
优势：文化认同感和参与性
策略：提供展示平台及集会场所
提供艺术家工作室

**区位优势**

济南毗邻交通枢
纽和中心商业
优势：经济开发价值高，地价相对便宜
策略：开放城市广场
增设停车场
发展特色商业
开发教育文化产业
步行网络联结片区

### 产业

#### 产业结构现状

◆ 第一层次（流通部门）
交通运输 邮电通信 批发零售 餐饮
◆ 第二层次（为生产生活服务的部门）
金融保险 房地产 旅馆
◆ 第三层次（为提高文化素质服务的部门）
教育 体育 社会福利
◆ 第四层次（为社会公共需要服务的部门）
机关 警察 社会团体

#### 产业结构现状

| 第一层次 | 第二层次 | 第三层次 | 第四层次 |
|---|---|---|---|
| 交通运输 | 金融保险 | 教育 | 机关 |
| 邮电通信 | 房地产 | 少年活动中心 | 警察 |
| 快递收货点 | 公租房 | 戏曲主题广场 | 社会团体 |
| 批发零售 | 旅馆 | 电影主题广场 | |
| 特色商业街 | 特色民宿 | 体育 | |
| 创意产业园区 | | 全民健身场地 | |
| 创业基地 | | 社区福利 | |
| 餐饮 | | 社会福利 | |
| 固定集市区 | | 多功能疗养社区 | |

- 民宿
- 中山公园
- 商业
- 商埠特色商业
- 多功能疗养社区
- 创意产业
- 艺术家工作室
- 住宅区
- 行政办公

#### 体制机制创新

现状：小商品经济主导片区发展
规划：以教育文化为主服务当地居民
发展多样化商业模式
以体验型消费拉动片区经济
吸引创业者艺术家等不同群体带动发展

### 人口

#### 社会结构现状

◆ 人口类型
租户 原住民 旅客
◆ 人口年龄结构
老龄化严重
◆ 人口收入结构
中等收入者为主 低收入者多

- 租户区
- 商业
- 商务办公
- 一类住宅
- 公共用地
- 中山公园

#### 解决方法

| 人口类型 | 人口年龄结构 | 人口收入结构 |
|---|---|---|
| 居民模式更新 | 加强教育设施建设 | 更新居住建设 |
| 保障房投入使用 | 建设多功能疗养社区 | 引进多样性产业 |
| 民宿类消费引入 | 青年创业产业园建设 | 加强基础设施建设 |

人口类型

人口年龄结构

人口收入结构

#### 重点人群保障

重点人群：老年人 少年儿童
问题：老年人—疗养—休闲文化生活—被需要
少年儿童—放学接送—文化设施
规划：发展教育文化产业
建设多功能疗养社区
改善基础设施

小学生放学接送场地&儿童活动场地

多功能疗养社区

### 交通

#### 停车组织

区域内的停车问题是片区内交通最尖锐的问题。
采取三种解决方式：1.新建建筑必须配备地下停车场；
2.住宅小区加建一层室内停车场；
3.片区内改建停车楼。

#### 环境

#### 开放空间

片区丧失步行活力空间，区域封闭。
采取三种解决方式：1.开放城市广场，吸引潜在人流；
2.广场、街巷、庭院、道路构成步行网络系统；
3.打开中山公园界面。

# 济南市商埠风貌核心区
# 保护与更新城市设计

## 综合性规划

### 现状条件

**商埠区的未来发展**

优势：特色保护建筑，现状良好
商埠特色文化，具有历史底蕴
老城区优良的生活模式
经济开发价值高，存在潜在人流
中山公园人群活跃
片区治安状况良好
片区教育产业发展态势良好
片区交通生活便利

劣势：保护建筑利用率不高，保护
不到位
片区产业结构简单
区域内老龄化现象严重
片区太过封闭
中山公园功能滞后
片区教育文化产业发展不足
乱搭乱建现象严重
市政服务设施较少

城市设计适应现代大都市的多功能发展趋势和要求，结合自身定位进行自我更新，功能先后有序地集中，再进行有机的分散。
针对片区居民，改善居民的生活环境。
城市设计充分挖掘商埠区的辉煌历史，在提供现代服务的同时，将历史作为当地的特色，以历史风貌为核心，吸引高素质人才和高端科技。
城市设计应注重地区文化特征的提升和历练，在延续发展地区文化产业的同时，与时俱进，让文化与现代的时代潮流并驾齐驱，打造一个全新风貌的文化特色区。
城市设计应该注重当地的环境和当地的居民，服务于城市，打造一个开放的空间系统，辅以多样的业态，让这个片区有一个全面健康的发展模式。

## 方案生成分析

**商埠特色商业区：**
红色区域为保留建筑，绿色区域为拆除新建区域，黄色曲线区域为保留改建区域。在场地南北向打开两个新的入口，增加人流进入内部商业区的机会。内部商业区依照原有的肌理新建。

*A* **商埠特色商业区**

**小学区域：**
保留小学和北侧历史建筑，将学校南侧的场地打开，提供给学生以及市民活动的空间。将一座建筑进行功能置换。

*E* **小学区域**

**多功能养老社区：**
拆除场地北部的大部分建筑，建造多功能养老社区。建筑围合了两个庭院，较小的一个针对社区内部，另一个对城市开放。

*B* **多功能养老社区**

**中山公园 & 社区中心：**
街角处将原有质量较差的建筑围护结构拆除，保留主体结构。置入创意展示和活动空间。将场地东侧界面打开。

*F* **中山公园&社区中心**

**商埠特色民宿区：**
保留场地中烟草公司旧址、小广寒、德国诊所三栋历史建筑。拆除场地中间质量较差的居民区，依照原有肌理新建商埠特色民宿区。

*C* **商埠特色民宿区**

**集中停车场 & 居民区：**
拆除质量较差的建筑，建集中停车场和停车楼，集中解决商埠区停车问题。居民区一层进行功能置换。

*G* **集中停车场&居民区**

**中学 & 特色民宿：**
保留中学建筑和场地。将场地东南角的民居拆除，依照原有肌理新建特色民宿区。区别于C地块中的大体量民宿，D地块的民宿建筑多为小体量的合院建筑。

*D* **中学&特色民宿**

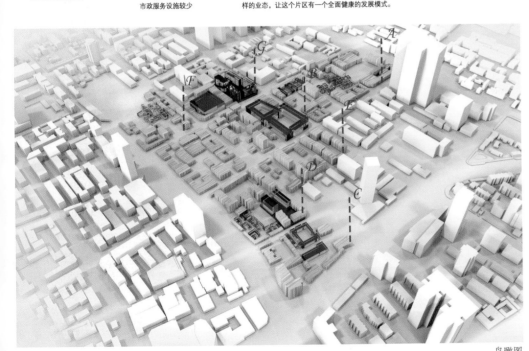

鸟瞰图

# 济南市商埠风貌核心区
# 保护与更新城市设计

## 地段控制性规划

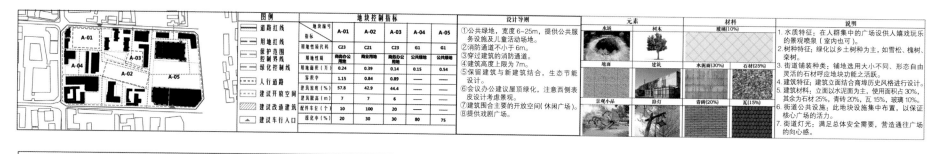

**图例**：道路红线、用地红线、保护范围控制界线、绿化控制线、人行道路、建设开放空间、建设改造建筑、建议车行入口

| 地块编号 | A-01 | A-02 | A-03 | A-04 | A-05 |
|---|---|---|---|---|---|
| 用地性质代码 | C23 | C21 | C23 | G1 | G1 |
| 用地性质 | 商务办公用地 | 商业用地 | 商务办公用地 | 公共绿地 | 公共绿地 |
| 用地面积(万) | 0.24 | 0.39 | 0.14 | 0.15 | 0.54 |
| 容积率 | 1.15 | 0.84 | 0.89 | — | — |
| 建筑密度(%) | 57.8 | 42.9 | 44.4 | — | — |
| 建筑高度(m) | 7 | 7 | 6 | — | — |
| 配件车位(个) | 10 | 100 | 20 | — | — |
| 绿化率(%) | 20 | 30 | 30 | 80 | 75 |

**设计导则**
①公共绿地，宽度6~25m，提供公共服务设施及儿童活动场地。
②消防通道不小于6m。
③穿过建筑的消防通道。
④建筑高度上限为7m。
⑤保留建筑与新建筑结合，生态节能设计。
⑥会议办公建议屋顶绿化，注意西侧表皮设计考虑景观。
⑦建筑围合主要的开放空间(休闲广场)。
⑧提供戏剧广场。

**元素**：水城、树木 | **材料**：玻璃(10%)、地面、建筑、水泥面(30%)、石材(25%)、景观小品、路灯、青砖(20%)、瓦(15%)

**说明**
1. 水质特征：在人群中的广场设供人嬉戏玩乐的景观喷泉(室内也可)。
2. 树种特征：绿化以乡土树种为主，如雪松、槐树、栾树。
3. 街道铺装种类：铺地选用大小不同、形态自由灵活的石材呼应地块功能之活跃。
4. 建筑特征：建筑立面结合商埠历史风格进行设计。
5. 建筑材料：立面以水泥面为主，使用面积占30%，其余为石材25%、青砖20%、瓦15%、玻璃10%。
6. 街道公共设施：此地块设施集中布置，以保证核心广场的活力。
7. 街道灯光：满足总体安全需要，营造通往广场的向心感。

| 地块编号 | B-01 | B-02 | B-03 | B-04 |
|---|---|---|---|---|
| 用地性质代码 | R11 | S42 | G1 | A6 |
| 用地性质 | 住宅用地 | 社会停车用地 | 公共绿地 | 社会福利设施用地 |
| 用地面积(万) | 0.92 | 0.71 | 0.15 | 0.48 |
| 容积率 | 3.15 | — | — | 2.0 |
| 建筑密度(%) | 90.1 | — | 70 | — |
| 建筑高度(m) | 32 | 24 | — | 12 |
| 配件车位(个) | 200 | 1200 | — | — |
| 绿化率(%) | 35 | 10 | 70 | 40 |

**设计导则**
①公共绿地，宽度6~10m，提供多树荫下的休憩空间。
②消防通道不小于6m。
③穿过建筑的消防通道。
④建筑高度上限为27m。
⑤小区内部设置开放的居民广场。
⑥停车楼防火为一级，设置环形消防通道。
⑦建筑围合主要的开放空间(休闲广场)。

**元素**：水城、树木 | **材料**：玻璃(10%)、地面、建筑、水泥面(30%)、石材(25%)、景观小品、路灯、青砖(20%)、瓦(15%)

**说明**
1. 水质特征：在人群中的广场设供人嬉戏玩乐的景观喷泉(室内也可)。
2. 树种特征：绿化以乡土树种为主，如雪松、槐树、栾树。
3. 街道铺装种类：铺地选用大小不同、形态自由灵活的石材呼应地块功能之活跃。
4. 建筑特征：建筑立面结合商埠历史风格进行设计。
5. 建筑材料：立面以水泥面为主，使用面积占30%，其余为石材25%、青砖20%、瓦15%、玻璃10%。
6. 街道公共设施：此地块设施集中布置，以保证核心广场的活力。
7. 街道灯光：满足总体安全需要，营造通往广场的向心感。

| 地块编号<br>指标 | C-01 | C-02 | C-03 |
|---|---|---|---|
| 用地性质代码 | A6 | G1 | G1 |
| 用地性质 | 社会福利设施用地 | 公共绿地 | 公共绿地 |
| 用地面积(万) | 1.07 | 0.36 | 0.40 |
| 容积率 | 3.50 | — | — |
| 建筑密度(%) | 58.3 | — | — |
| 建筑高度(m) | 24 | — | — |
| 配件车位(个) | 200 | — | — |
| 绿化率(%) | 45 | 60 | 80 |

**设计导则**
①公共绿地，宽度6~10m，提供多树荫下的休憩空间。
②消防通道不小于6m。
③穿过建筑的消防通道。
④建筑高度上限为27m。
⑤小区内部设置开放的居民广场。
⑥参考相关规范。
⑦建筑围合主要的开放空间(休闲广场)。
⑧考虑居民体育设施建设。

**元素**：水城、树木 | **材料**：玻璃(10%)、地面、建筑、水泥面(30%)、石材(25%)、景观小品、路灯、青砖(20%)、瓦(15%)

**说明**
1. 水质特征：在人群中的广场设供人嬉戏玩乐的景观喷泉(室内也可)。
2. 树种特征：绿化以乡土树种为主，如雪松、槐树、栾树。
3. 街道铺装种类：铺地选用大小不同、形态自由灵活的石材呼应地块功能之活跃。
4. 建筑特征：建筑立面结合商埠历史风格进行设计。
5. 建筑材料：立面以水泥面为主，使用面积占30%，其余为石材25%、青砖20%、瓦15%、玻璃10%。
6. 街道公共设施：此地块设施集中布置，以保证核心广场的活力。
7. 街道灯光：满足总体安全需要，营造通往广场的向心感。

| 地块编号<br>指标 | D-01 | D-02 |
|---|---|---|
| 用地性质代码 | A34 | A34 |
| 用地性质 | 特殊教育用地 | 特殊教育用地 |
| 用地面积(万) | 0.21 | 0.63 |
| 容积率 | 1.09 | 0.70 |
| 建筑密度(%) | 27.2 | 19.1 |
| 建筑高度(m) | 12 | 18 |
| 配件车位(个) | — | 20 |
| 绿化率(%) | 35 | 35 |

**设计导则**
①公共绿地，宽度6~10m，提供多树荫下的休憩空间。
②消防通道不小于6m。
③穿过建筑的消防通道。
④建筑高度上限为24m。
⑤改造建筑考虑结构加固。
⑥参考相关规范。
⑦建筑围合主要的开放空间(休闲广场)。
⑧考虑儿童娱乐设施建设。

**元素**：水城、树木 | **材料**：玻璃(10%)、地面、建筑、水泥面(30%)、石材(25%)、景观小品、路灯、青砖(20%)、瓦(15%)

**说明**
1. 水质特征：在人群中的广场设供人嬉戏玩乐的景观喷泉(室内也可)。
2. 树种特征：绿化以乡土树种为主，如雪松、槐树、栾树。
3. 街道铺装种类：铺地选用大小不同、形态自由灵活的石材呼应地块功能之活跃。
4. 建筑特征：建筑立面结合商埠历史风格进行设计。
5. 建筑材料：立面以水泥面为主，使用面积占30%，其余为石材25%、青砖20%、瓦15%、玻璃10%。
6. 街道公共设施：此地块设施集中布置，以保证核心广场的活力。
7. 街道灯光：满足总体安全需要，营造通往广场的向心感。

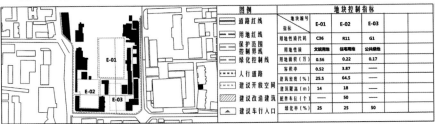

# 济南市商埠风貌核心区 保护与更新城市设计

## 地段控制性规划

| 图例 | | 地块控制指标 | | | |
|---|---|---|---|---|---|
| 道路红线 | 建筑编号 | E-01 | E-02 | E-03 | |
| 用地红线 | 用地性质代码 | C36 | R11 | G1 | |
| 保护范围控制界线 | 用地性质 | 文化用地 | 住宅用地 | 公共绿地 | |
| 绿化控制线 | 用地面积(万) | 0.56 | 0.22 | 0.17 | |
| 人行道路 | 容积率 | 0.52 | 3.87 | | |
| 建议开放空间 | 建筑密度(%) | 25.5 | 64.5 | | |
| 建议改造建筑 | 建筑限高(m) | 14 | 18 | | |
| 建议车行入口 | 配建车位(个) | —— | 50 | | |
| | 绿化率(%) | 25 | 25 | 50 | |

设计导则
①公共绿地，宽度6~10m，提供多树荫下的休憩空间。
②消防通道不小于6m。
③穿过建筑的消防通道。
④建筑高度上限为18m。
⑤保留建筑与新建筑结合，生态节能设计。
⑥市民活动中心建议屋顶绿化，注意北侧里面与历史建筑的关系。
⑦建筑围合主要的开放空间(休闲广场)。
⑧南侧居民楼的一层停车考虑与广场的关系。

元素：水域　树木　地面　建筑　景观小品　路灯
材料：玻璃(50%)　水泥墙(25%)　石材(5%)　红砖(10%)　金属(10%)

说明
1. 水质特征：在人群集中的广场设供人嬉戏玩乐的景观喷泉(室内也可)。
2. 树种特征：绿化以乡土树种为主，如雪松、槐树、栾树。
3. 街道铺装种类，铺地选用大小不同、形态自由灵活的石材呼应地块功能之活跃。
4. 建筑特征：建筑立面结合商埠历史风格进行设计。
5. 建筑材料：立面以玻璃为主，使用面积占50%，其余为水泥面25%，红砖10%，金属10%，石材5%。
6. 街道公共设施：此地块设施集中布置，以保证核心广场的活力。
7. 街道灯光：满足总体安全需要，营造通往广场的向心感。

---

| 图例 | | 地块控制指标 | | | |
|---|---|---|---|---|---|
| 道路红线 | 建筑编号 | F-01 | F-02 | F-03 | |
| 用地红线 | 用地性质代码 | C21 | G1 | R11 | |
| 保护范围控制界线 | 用地性质 | 商业用地 | 公共绿地 | 住宅用地 | |
| 绿化控制线 | 用地面积(万) | 0.31 | 0.12 | 1.10 | |
| 人行道路 | 容积率 | 0.65 | —— | 1.82 | |
| 建议开放空间 | 建筑密度(%) | 39.8 | —— | 44.2 | |
| 建议改造建筑 | 建筑限高(m) | 6 | —— | 21 | |
| 建议车行入口 | 配建车位(个) | 20 | —— | 20 | |
| | 绿化率(%) | 30 | 35 | 30 | |

设计导则
①公共绿地，宽度6~10m，提供多树荫下的休憩空间。
②消防通道不小于6m。
③穿过建筑的消防通道。
④建筑高度上限为21m。
⑤保留建筑与新建筑结合，生态节能设计。
⑥民宿建筑延续城市之前的肌理。
⑦建筑围合主要的开放空间(休闲广场)，建筑之间形成院落空间。
⑧东南侧的临街商业和一层停车入口考虑与街道的关系。

元素：水域　树木　地面　建筑　景观小品　路灯
材料：玻璃(50%)　水泥墙(25%)　石材(5%)　红砖(10%)　金属(10%)

说明
1. 水质特征：在人群集中的广场设供人嬉戏玩乐的景观喷泉(室内也可)。
2. 树种特征：绿化以乡土树种为主，如雪松、槐树、栾树。
3. 街道铺装种类，铺地选用大小不同、形态自由灵活的石材呼应地块功能之活跃。
4. 建筑特征：建筑立面结合商埠历史风格进行设计。
5. 建筑材料：立面以玻璃为主，使用面积占50%，其余为水泥面25%，红砖10%，金属10%，石材5%。
6. 街道公共设施：此地块设施集中布置，以保证核心广场的活力。
7. 街道灯光：满足总体安全需要，营造通往广场的向心感。

---

| 图例 | | 地块控制指标 | | | |
|---|---|---|---|---|---|
| 道路红线 | 建筑编号 | G-01 | G-02 | G-03 | |
| 用地红线 | 用地性质代码 | R11 | G1 | G1 | |
| 保护范围控制界线 | 用地性质 | 商业用地 | 公共绿地 | 公共绿地 | |
| 绿化控制线 | 用地面积(万) | 0.25 | 0.09 | 0.11 | |
| 人行道路 | 容积率 | 0.85 | —— | —— | |
| 建议开放空间 | 建筑密度(%) | 47.5 | —— | —— | |
| 建议改造建筑 | 建筑限高(m) | 7 | —— | —— | |
| 建议车行入口 | 配建车位(个) | 20 | —— | —— | |
| | 绿化率(%) | 30 | 50 | 50 | |

设计导则
①公共绿地，宽度6~10m，提供多树荫下的休憩空间。
②消防通道不小于6m。
③穿过建筑的消防通道。
④建筑高度上限为14m。
⑤保留建筑与新建筑结合，生态节能设计。
⑥地下停车场出入口考虑与街道关系，周围设置地下人行入口及商业建筑。
⑦建筑围合主要的开放空间(休闲广场)。
⑧南侧民居建筑的开口考虑与广场的关系，民居建筑进行观景设计。

元素：水域　树木　地面　建筑　景观小品　路灯
材料：玻璃(50%)　水泥墙(25%)　石材(5%)　红砖(10%)　金属(10%)

说明
1. 水质特征：在人群集中的广场设供人嬉戏玩乐的景观喷泉(室内也可)。
2. 树种特征：绿化以乡土树种为主，如雪松、槐树、栾树。
3. 街道铺装种类，铺地选用大小不同、形态自由灵活的石材呼应地块功能之活跃。
4. 建筑特征：建筑立面结合商埠历史风格进行设计。
5. 建筑材料：立面以玻璃为主，使用面积占50%，其余为水泥面25%，红砖10%，金属10%，石材5%。
6. 街道公共设施：此地块设施集中布置，以保证核心广场的活力。
7. 街道灯光：满足总体安全需要，营造通往广场的向心感。

117

## 政策控制与保护

**1. 产业：**
保护：保护建筑功能
　　(电影、戏剧、布艺)
　　公共服务功能
　　(剧院、文化宫、集市)
　　老街区生活场景
　　(烤地瓜、修鞋、爆米花、露天餐馆、麻将桌)
控制：密集产业(餐饮业)
　　低端产业(洗头按摩)
鼓励：文化教育产业
　　(少年儿童教育、市民教育、创意产业)
　　体育产业

**2. 人口：**
保护：保护当地人口密度(维持一种相对宽松的生活环境)
　　保护老年人及青少年的空间安全性(活动场地、服务中心等)
　　保护亲密的邻里尺度(使人仍处在熟悉的街坊关系中，优化社会关系)
控制：外来人口对商埠区人口规模的冲击
鼓励：多种年龄层次进入商埠区丰富年龄构成
　　鼓励老年人多与年轻人沟通实现老年人的自我认同

**3. 交通：**
保护：现有规整的方格网道路布局(保护空间的易识别性)
　　保护有极高可达性的步行网络(一级、二级、三级)
　　保护宜人的街道关系(街道剖面、空间关系不变，不因产业发展而改变街道比例)
控制：机动车乱停乱放
　　占据人行道经营
鼓励：鼓励完善的步行网络系统
　　鼓励有秩序的车行流线
　　鼓励古城延续下来的街道尺度

**4. 景观：**
保护：保护场地内现存要素(古树、古建、标志物)
　　保护场地现有的绿化资源(行道树、城市绿地公园)
　　老街区生活场景(传承的生活方式成为构成景观的一个要素)
控制：与场地风貌格格不入的景观
　　产业广告牌的杂乱无章
鼓励：良好的建筑历史风貌
　　可识别性的历史建筑区域适当的空间小品
　　沿街的街道家具

济南市商埠风貌核心区保护与更新城市设计：2016北方四校联合城市设计

## 济南
山东建筑大学

## 呼和浩特
内蒙古工业大学

## 北京
北方工业大学

## 烟台
烟台大学

### 初 期

初次接触城市设计、初次身临百年商埠、初次感受古城4年变化的点滴细节、初次站在城市的角度上理解72公顷的多重意义……

无数的第一次带来极大的兴奋和未知，虽然前期准备不甚合理有序，但是强烈的热情还是驱使我们扎入这济南商埠区，千年的时间在这72公顷的空间中交织相融。

大量的信息如潮水般涌来。政治、自然、人文、城市、建筑、生活，无一不刺激着感官。

### 中 期

内蒙古之行，怀揣着忐忑与激动，与兄弟院校的分享收获颇丰。

内蒙古工业大学的建筑学院让人耳目一新，旧厂房的改造有不一样的空间体验，会让我们思考城市设计是不是也应该对老的建筑采取改造的方式。

关于城市设计的主题，每个学校、每个小组都有不一样的想法。细节的推敲、宏观的把控也是精彩纷呈。

三省吾身，见贤思齐，见不贤自省。别人好的方案我们可以学习，不好的地方要好好地反思自身，这也是我们进行交流学习最重要的部分。

内蒙古之行很圆满，有各自方案、想法的分享，也能体验大草原的风情。

### 终 期

接到答辩通知后，经过了几天不眠不休的准备，到了北方工业大学，一切又有了新的期盼。准备，鼓励，答辩，质疑，看起来不圆满的成果，却让我们甘之如饴。

学到，经历过，那种丰富而充沛的体验，让我们将建筑设计、城市设计融入生活，切实有效地解决实际问题，诚恳充分地展示方案成果。终期各院校师生之间思维激情的碰撞，让我们对建筑的爱又进了一步。

北方工业大学种类繁多的树木，在秋冬交际之时，展现出曼妙的风姿，伴随着冬日暖阳，我们漫步其中，回味悠长。

### 回 顾

3个月以前，新奇和热情带来了喜忧参半，我们无休止地获取各种信息，无穷尽地表达想法与心意，更想一股脑地拿出来与大家分享。

现在来看，这些逐渐变成了思考问题的最初的入手点，以及实践过程中不断反思和审视的来源。从场地入手、从人本出发是我们脑海中最坚定的原则。

从建筑设计到城市设计，从单体建筑到城市的变化，我们经历了思维的跳转，从探究细节到追寻整体的和谐。

刚接触城市设计的时候，一切都是陌生的，通过调研学习和组员的探讨，我们对于城市设计有了新的看法。对于城市，从另外一个角度来说，它是座大的建筑，城市的道路是建筑的交通空间，每个建筑单体是建筑的各个功能性空间，从本质上来说，好像也没什么不同。

城市设计是一个漫长的过程，要考虑的比以往的建筑单体更多，围合的户外空间、细节的处理、整合分析设计的过程都是难点。小组一起讨论的过程是难忘的回忆，喜怒哀乐无一不是财富，学会合作，学会去相处也是成长的必修课。

经过这一次北方四校联合城市设计的学习，我学会了从城市宏观的角度去考虑问题，发现和解决问题。因而，完善设计方案是十分重要的，这不只是针对这一次的城市规划设计，对于以后的方案设计同样重要。同时，我也深刻地体会到了合作的重要性。当方案进展止步不前的时候，集体的智慧往往能够激发出新的灵感，从而一步步发展到最终的成果。

城市设计，让我从"埋头"的状态中逃脱出来。于学，不好究其对错，集百家之长，成己之言。不拘泥于结果，用自己的心评价，自己要成为怎样的人。
建筑是一个为人而生的艺术，展现不仅是理论和技术，更是生活。

# ACHIEVEMENTS & EXPERIENCES

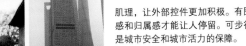

田川　　　吕林声
林逸恺　　陆啓彦

城市是人们生活的中心、社会交往的中心、经济文化的中心。
城市设计是从未接触过的课题，是从一个完全不一样的角度去看待建筑。由思想变成行动，这一过程是整个设计最重要也是最难做到的。两个多月的城市设计实践，让我对城市有一个全新的理解。

肌理，让外部控件更加积极。有围合感和归属感才能让人停留。可步行性是城市安全和城市活力的保障。

不要局限于某个点，城市设计要跳出某个建筑、某个场景，要用一个更广阔的视角去看待城市，眼光要放宽。
设计思考的应该是这里需要什么，而不是我们想要它有什么。我们不是在创造一个全新的东西，我们只是把它原本就有的发掘出来。

# HERE WE LEARNED HERE WE THOUGHT

延续和织补传统城市，以空间为核心的肌理，为使用者的多样化行为提供不同开放程度的外部空间系统。渐进式更新。透明式叠加各个时代建筑，让城市充满日常生活所需要的矛盾性和复杂性。
通过改扩建和新建部分标志性建筑，提高传统城市空间的可识别性。
通过公共艺术品、运动主题或旧建筑功能置换，吸引年轻人到老城区工作，改善现状，改变老龄化这种比较单一的社会结构，从而使空间更有活力。

在城市设计中，我们经常提到意象问题。有人使用图片方式呈现，而我们通过植入模型的方式呈现，使尺度感更明确，也有助于我们第一次接触城市设计时对场地有一定的把握和掌控。成果表现需要将方案的优势尽可能多地展现。在片区不能全部深入的情况下，选择主要矛盾具体解决，不提倡均匀用力。
设计需要解决如何适应环境问题，解决场地中存在的问题。

城市设计要营造氛围，城市设计阶段是去设计城市，不是设计一个个建筑，而建筑实体之间的关系，其实是人感知到的各种关系。

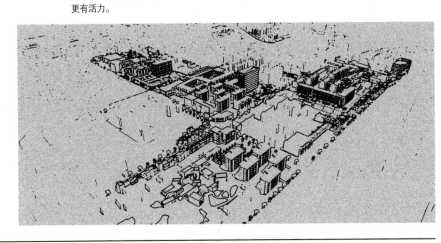

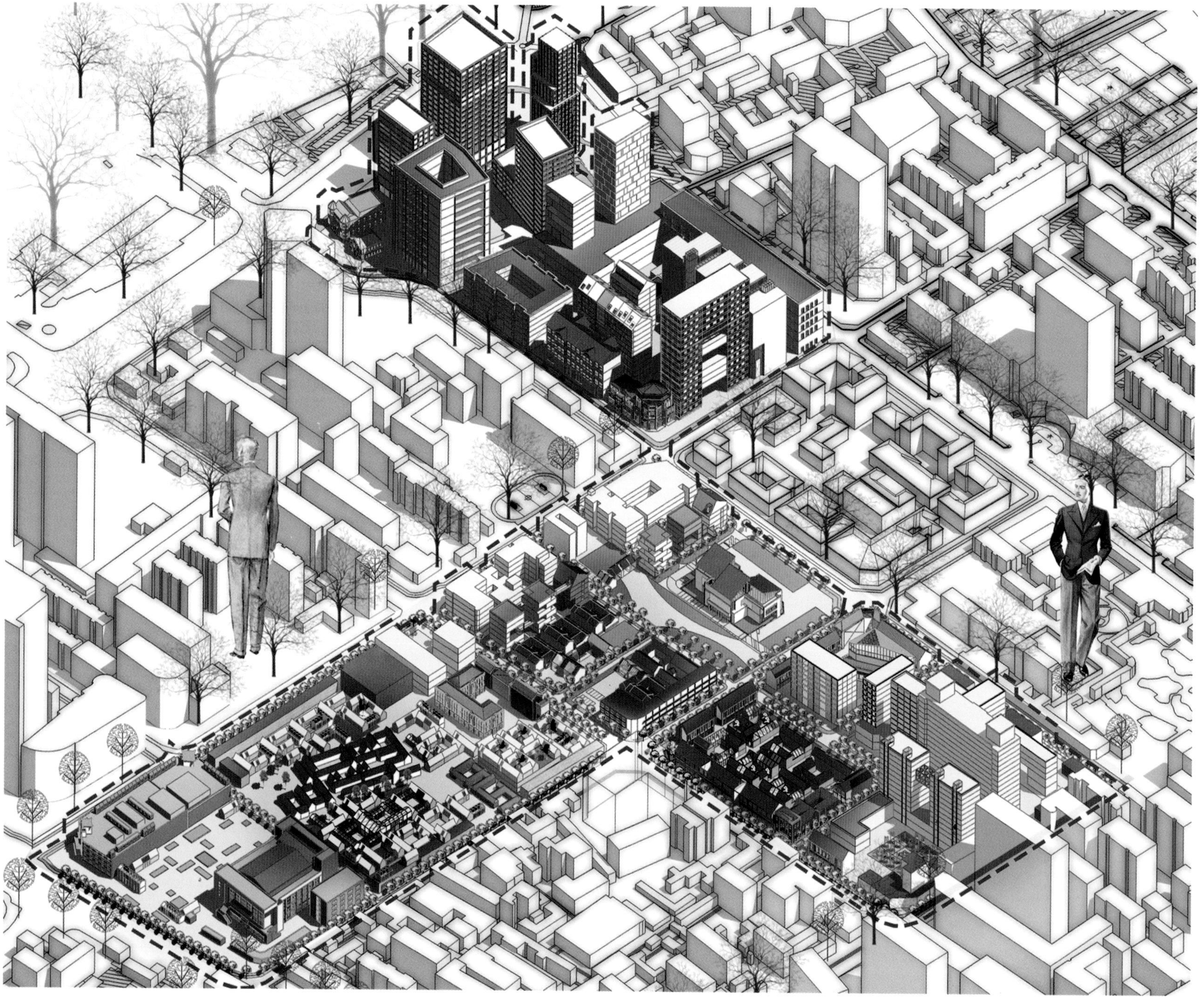

济南市商埠风貌核心区保护与更新城市设计：2016 北方四校联合城市设计

织·补·院落

公共空间、生活空间织补

理解商埠 记忆

济南商埠区连接式更新计划

气候分析

基地现状

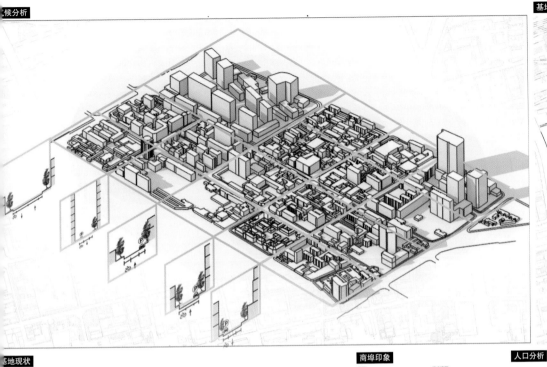

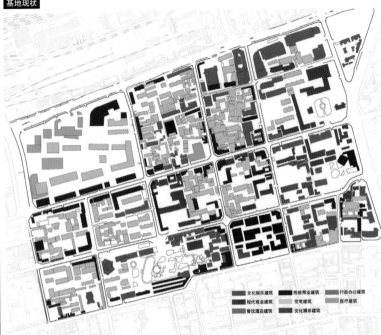

文化娱乐建筑　传统商业建筑　行政办公建筑
现代商业建筑　住宅建筑　医疗建筑
餐饮酒店建筑　文化娱乐建筑

基地现状

建筑肌理　建筑层数

年代　用地现状

2000
1978-2000
1949-1978
1904-1949

2-3层
4-6层
7层

商埠区人行为活动

进行为活动

公共广场行为活动

商埠印象

道路　标志建筑

人口分析

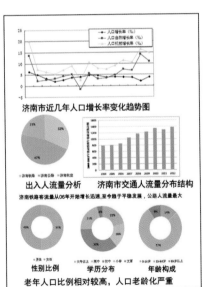

济南市近几年人口增长率变化趋势图

出入人流量分析　济南市交通人流量分布结构

济南铁路客流量从06年开始增长迅速,至今趋于平稳发展,公路人流量最大

男性　女性　大专以上　高中　初中　小学　文盲　0-14岁　14-64岁　65岁以上

性别比例　学历分布　年龄构成

老年人口比例相对较高,人口老龄化严重

气候分析

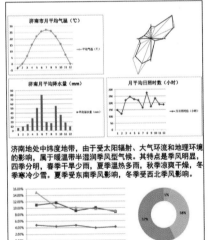

济南市月平均气温（℃）

平均气温（℃）

济南市月平均降水量（mm）　月平均日照时数（小时）

平均降水量（mm）　月日照时数（小时）

济南地处中纬度地带,由于受太阳辐射、大气环流和地理环境
的影响,属于暖温带半湿润季风型气候。其特点是季风明显,
四季分明,春季干旱少雨,夏季温热多雨,秋季凉爽干燥,冬
季寒冷少雪。夏季受东南季风影响,冬季受西北季风影响。

2010年　2011年　2012年　2013年　2014年　第一产业　第二产业　第三产业

济南市产业结构变化趋势图　济南市当前产业结构比例

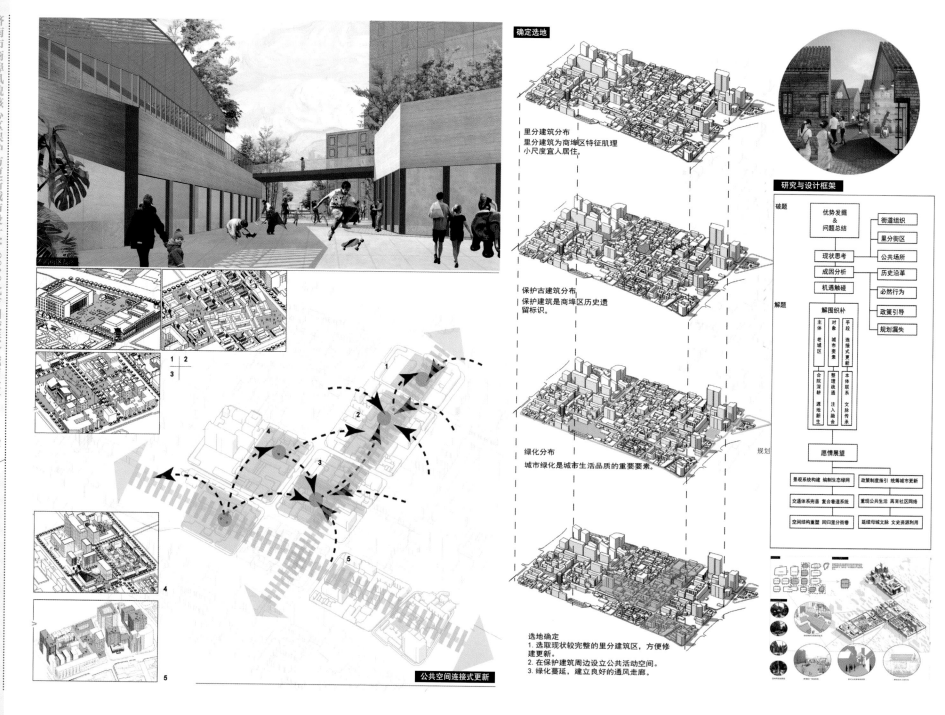

确定选地

里分建筑分布
里分建筑为商埠区特征肌理
小尺度宜人居住。

保护古建筑分布
保护建筑是商埠区历史遗
留标识。

绿化分布
城市绿化是城市生活品质的重要要素。

选地确定
1.选取现状较完整的里分建筑区,方便修
建更新。
2.在保护建筑周边设立公共活动空间。
3.绿化蔓延,建立良好的通风走廊。

公共空间连接式更新

研究与设计框架

破题

优势发掘 & 问题总结 —— 街道组织
现状思考 —— 里分街区
成因分析 —— 公共场所
机遇触碰 —— 历史沿革
—— 必然行为

解题

解围织补 —— 政策引导
—— 规划漏失

主体 老城区 / 对象 城市要素 / 手段 连接式更新
合院深耕 / 整理疏通 / 本体联系
源地新生 / 注入融合 / 文脉传承

愿情展望

景观系统构建 编制生态绿网 | 政策制度指引 统筹城市更新
交通体系完善 复合巷道系统 | 重现公共生活 再育社区网络
空间结构重塑 回归里分街巷 | 延续母城文脉 文史资源利用

规划

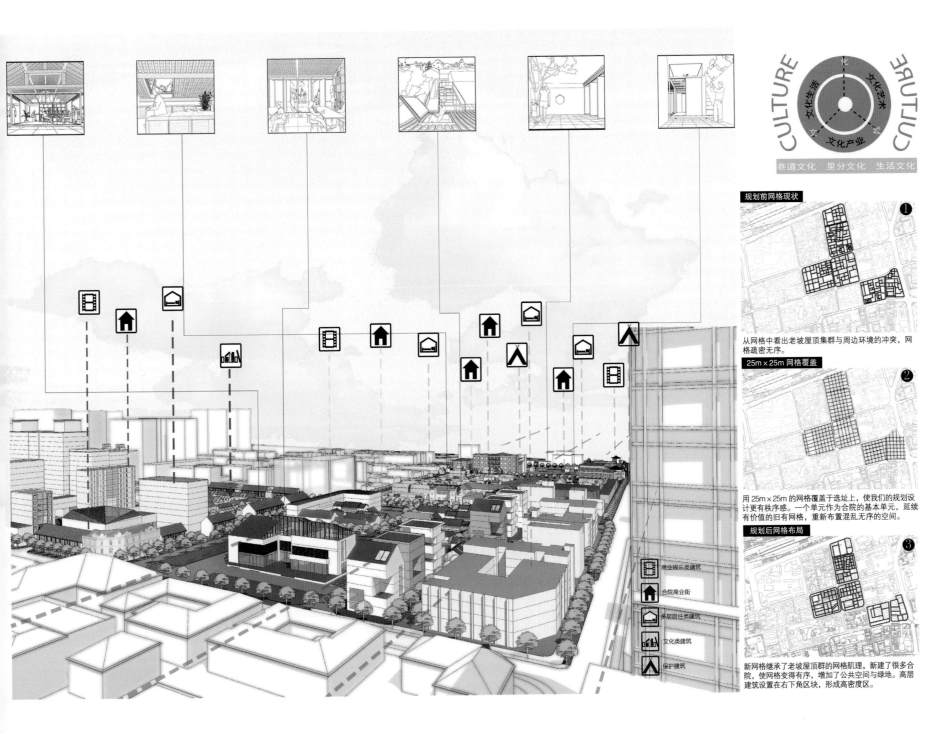

CULTURE CULTURE

文化生活　文化艺术　文化城　文化产业

巷道文化　里分文化　生活文化

商业娱乐类建筑

合院商业街

多层居住类建筑

文化类建筑

保护建筑

规划前网格现状

①

从网格中看出老坡屋顶集群与周边环境的冲突，网格疏密无序。

25m×25m 网格覆盖

②

用 25m×25m 的网格覆盖于选址上，使我们的规划设计更有秩序感。一个单元作为合院的基本单元，延续有价值的旧有网格，重新布置混乱无序的空间。

规划后网格布局

③

新网格继承了老坡屋顶群的网格肌理，新建了很多合院，使网格变得有序，增加了公共空间与绿地。高层建筑设置在右下角区块，形成高密度区。

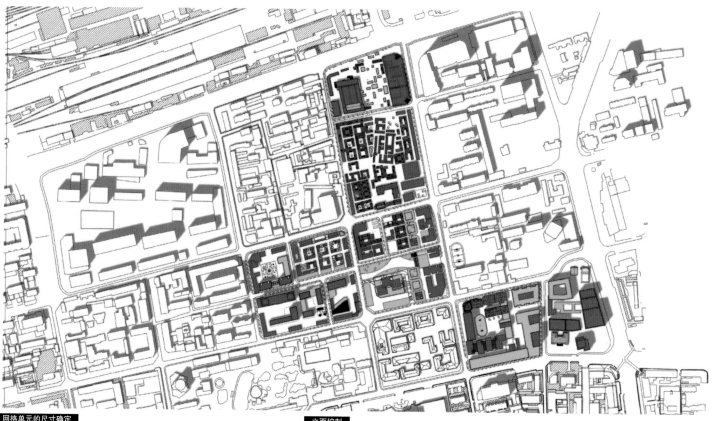

【白马山片区】以创意产业为引领，宜居、宜业、宜游
○规划范围：北起机床二厂路，南至二环南路，西起腊山米米山、克朗山和任家山，东至津浦铁路线，总用地面积722.91公顷。
○规划方案：该片区将塑造成宜居、宜业、宜游的山水新区功能定位为以创意产业为引领，以生态休闲为特色的城市综合片区。在规划片区形成多个公共服务设施点，如在部片区西红庙区域、刘长山路西段联发职工公寓东、后华旧村西侧分别形成一个居住区级公共设施服务中心。

【美里湖片区】沿二环西重点打造商业服务带
○规划范围：北至黄河，南至小清河，西至京福高速公路东至二环西路，规划范围内总用地约3194.75公顷。
○规划方案：功能定位为以非物质文化遗产博览园为核心的生态型城市新区。规划总体布局上，沿二环西路重点造商业服务带，沿美里路–博览园东路城市发展轴布局业务商务、娱乐康养功能，沿济齐路城市发展轴完善文化闲和生活居住功能。片区内的济青、京福高速公路连接与二环西路相交处设互通立交，规划与齐鲁大道相交处分离式立交，远期设置平行式上下匝道。

【八里桥与道德街片区】小清河、兴济河景观带串起宣片区
○规划范围：北起小清河，南至兴济河，西至二环西路东至纬十二路，总用地面积约14.77平方公里。
○规划方案：目标是构建以人为本的和谐片区、混合功能活力片区、以交通为导向的便捷片区、配套完善的宜居片区功能定位为以现代商贸、商务、居住、休闲为一体的多复合的城市功能区。该片区围绕和谐广场商业圈规划片区公共中心，依托森林公园规划片区绿化核心；以二环西路经十路为城市发展轴线，串联小清河滨水景观带和兴济滨水景观带，形成多个居住功能组团和一个产业发展组团。

## 网格单元的尺寸确定

大尺度网格对应的肌理多为高层建筑，以及所需公共空间较大的地区。为了网格布置规整，确定网格尺寸为75m×75m。

中间尺度对应的网格肌理多为质量不高的多层建筑，根据测量，确定了中等网格尺寸为50m×50m。

小尺度网格对应的肌理多为老里分建筑区，根据测量原里分单元的尺寸，得到一个最合适的单元网格尺寸，即25m×25m。

## 立面控制

| 屋顶 | 墙 | 窗口 | 台步 | 雨棚 | 门 | 标牌 |
|------|------|------|------|------|------|------|
| 红 | 红 | | 地面色 | 白 | | 黑 |
| 黑 | 白 | 黑 | 黑 | 黑 | | 红 |
| 白 | | 红 | 红 | 红 | | |
| 玻璃 | 玻璃 | 白 | 白 | | | |
| | | 玻璃 | 玻璃 | | | |

## 格形成

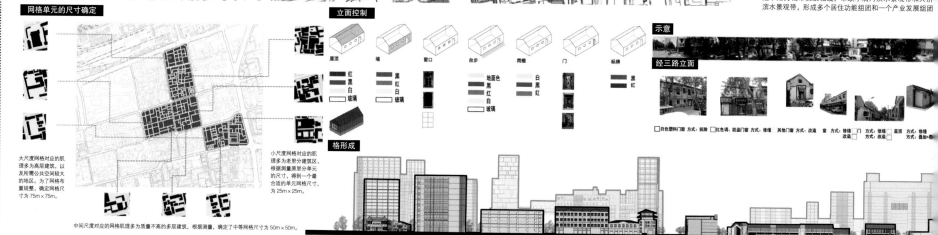

示意

经三路立面

□白色塑料门窗 方式：拆除  □红色调、防盗门窗 方式：修缮  其他门窗 方式：改造  窗 方式：修缮  门 方式：修缮  屋顶 方式：修缮
方式：改造  方式：改造  方式：叠加·新

里分建筑区效果图

里分建筑原分布图

里分建筑现分布图

里分建筑群现状图

合院空间展示

| 单体建筑状态 | | 围合方式 | | 行为 | 外部空间 |
|---|---|---|---|---|---|
| 玻璃盒子单体，用全透明的玻璃围合出空间，增加内外沟通、联系。与此同时也会减弱内部的私密性，减弱对外部环境的围合感 | | 全围合空间，传统庭院形式，围合感最强，内外空间分隔最为明显。内部自我完善，内部功能需要明显区分的情况时使用 | 两个单元围合的空间，区域感不明确，为街道的原型，以从中间穿过为主 | 内外空间，区分明显，适合作为创客空间、茶室 | 优良的外部空间，能与自然紧密结合 |
| | | 形成线性空间，只能作短暂停留，适合做沿街商业 | | | 合适的街道空间，适合漫步 |
| 单体建筑状态 | | 围合方式 | | 行为 | 外部空间 |
| 实体盒子的单元，用不透明实体材料围合出空间，内部空间私密性好，对外部空间围合感强 | | 三面围合空间，围合感强，内外链接更畅通，内外没有本质上的区别 | 两个单位L形组合，形成一定的区域感 | 内外空间联系紧密，适合作餐饮、休闲 | 内外结合紧密，半私密空间，适合餐饮 |
| | | | | 半围合空间，内外差异较弱，同样适合餐饮、休闲 | 内外结合紧密，半私密空间，适合餐饮 |

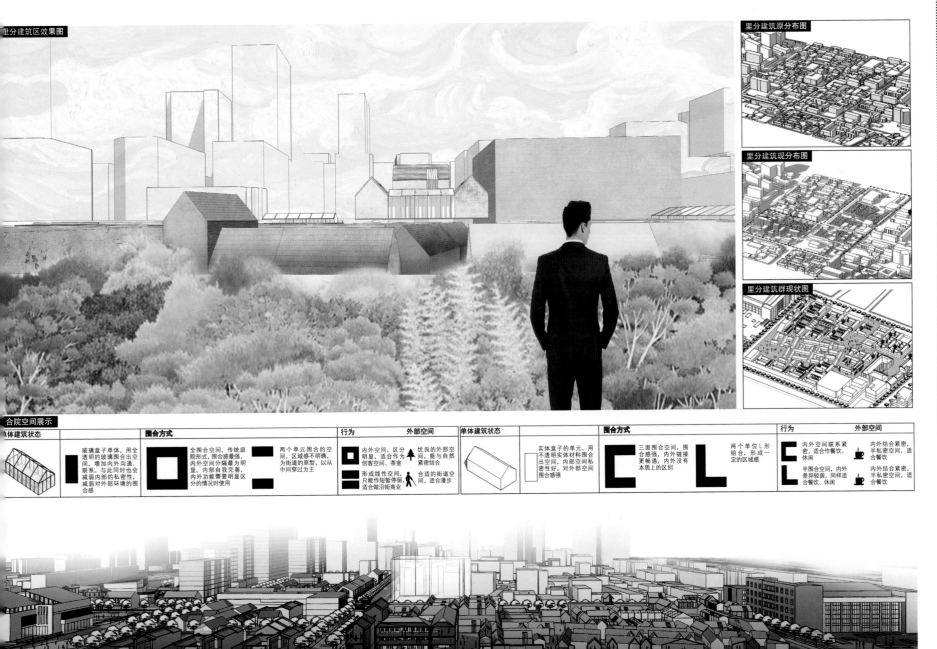

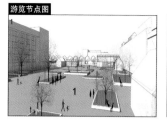

1

2

3

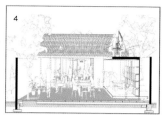

4

## 高密度区效果图

### 生态与街道家具

建议合院门口以小盆栽代替大块绿化，与人更亲近

将合院改造为阳光房，作为城市中的自然体验区

引入胶囊塔，解决现代问题

路边绿化多样，使商埠区也能充满绿色

将自行车停靠与路边座椅结合，提供座位为市民短暂驻留服务。设置距离建议500m一组

中山公园中休憩的功能布置不仅要符合老年人集群常坐的要求，还要符合现代年轻人更个性化的需求

运用多种方式使停车方式亲近树木

## 鸟瞰图

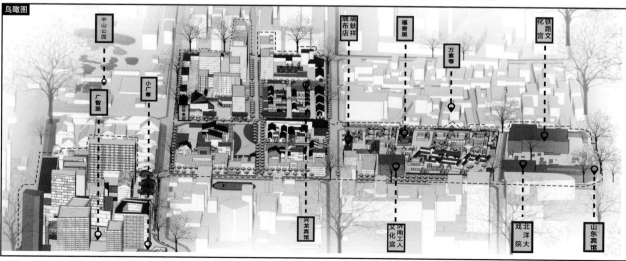

中山公园
小广庭
广智里
瑞蚨祥绸布店
福音里
万紫巷
铁路文化宫
兴龙宾馆
济南工人文化宫
北洋大院
山东宾馆

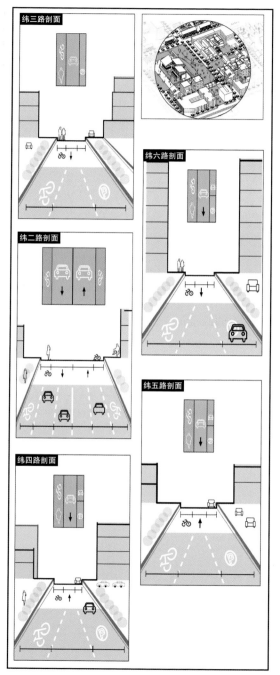

纬三路剖面

纬六路剖面

纬二路剖面

纬五路剖面

纬四路剖面

概念模式

纬三路街道设施图

交通组织方式图

双向10车道
双向8车道
双向4车道
双向10车道
单向车道
地下车道
车辆绕行
地下停车场
地上停车场
立体停车楼
单行方向
车辆缓行

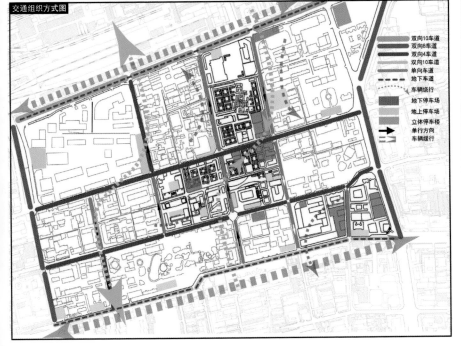

更新过程

点：由主要节点展开

线：街道再铺展开

面：扩大到地块内部

块：带动片区发展

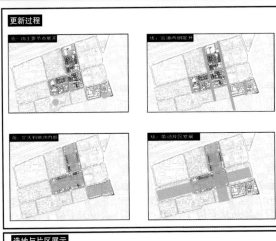

选地与片区展示

建筑层数

业态分布

选区内公共空间

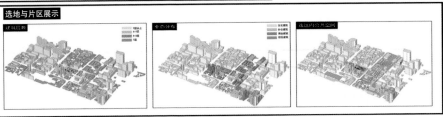

烟台大学四组

# 方案生成过程——在摸索实践中进步

## 前期方案：海绵城市，以中山公园为生态中心的开放的绿色生态城市

公共空间分布

开放中山公园

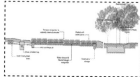
海绵城市生态系统

方案构思：
前期调研中最大的感触是商埠区现状中公共空间的缺乏和绿色环境体验不足，所以前期以打造公共空间丰富、生态绿色的花园城市为目标。

方案反思：
思考过于局限，没有考虑除了开放空间之外的其他问题，没有意识到老商埠的历史文脉问题。

## 中期方案：步行系统，科普开埠历史的商埠新商业文化体验街区

历史节点

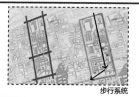
步行系统

方案构思

方案构思：
关键词是历史科普、节点印象、差异体验，保护有历史意义的建筑，以步行系统为主导，随着现存保护建筑的时间性过渡，讲述老济南的文化韵味。

方案反思：
回忆历史这个构架太空虚，回忆什么历史、回忆历史的意义对于城市的发展有何作用，对生活有何影响未思考清楚。

## 最终方案：城市文脉，保留老城记忆，更新合院，回归院生活

合院现状

合院意象

方案愿景

方案总结：
一个城市最重要的就是文脉，而属于济南老商埠独特的建筑文脉是其里分制的合院，虽然现在年久失修，但是其中的城市气息是不能被时间磨灭的，我们要做的就是更新。参考北京大栅栏的更新方式，将合院形式进行重新整合排列。新合院既保留了原文化的记忆，还提供了新功能，让居民重新拾回老济南商埠的生活文化。

---

● 前期答辩
　中期答辩
　终期答辩

梁栋楠：通过这次作业我知道了合作的重要性，在团队中合作的默契是保证成功的关键。城市设计是有关要素的设计，而要素是互相关联的，不能独立考虑。另外，信息来源是保证设计有序进行的最重要的因素，要保证它的真实和有效。

　前期答辩
　中期答辩
● 终期答辩

李恒洋：通过这次城市设计作业，我学会了用城市的眼光看待问题，从整体上考量建筑的整体规划，对建筑与场地的关系有了深刻的认识。通过这次视角转换，在之后的设计中，我对城市与建筑之间的关系考虑将更有深度。同时，与四校同学的交流让我受益匪浅。

● 前期答辩
　中期答辩
　终期答辩

王新同：这个题目给予了我们很大的思考空间，扩大了我们的眼界。它强调了建筑设计背后的逻辑性，让我们以一个更加理性的视角看待建筑设计，明白了一个建筑设计要承载来自城市与社会的责任。

● 前期答辩
　中期答辩
　终期答辩

王深程：每个人都是独立的，但是作为一个团队的成员，不应有过多的个人表现，要有集体意识，适当地妥协，还要有进度的观念，不要让想法、概念成为进度的阻碍，推动完成是最好的结果。每个人关于城市都有自己的见解，但在团队中要融合大家的想法，一起努力。想法有了以后，要尽快落到二维的图纸或是三维的模型上，这样才有下一步考虑的基础。

　前期答辩
　中期答辩
● 终期答辩

王伟光：城市设计是我们对一个城市的态度：旧的东西是否该保留？新东西又会给城市带来什么样的影响？处理好新老的冲突和衔接是关键。通过这次城市设计，我体会到了合作的重要性，学会了以整体视角看待建筑设计问题，同时学会了很多做设计的方法，思维逻辑得到了提高，受益匪浅。

　前期答辩
● 中期答辩
　终期答辩

吴素素：无论是对城市设计还是建筑设计，方案的逻辑都很关键，它引导着设计的有序进行，使生成的结果合理从而让人觉得可行。要通过完善的理论学习才可以做好城市设计，城市设计与建筑设计最大的区别在于它涉及的要素更多、范围更大，如何控制好设计的主体是最重要的问题。

● 前期答辩
● 中期答辩
● 终期答辩

石晶君：四校联合设计是一个很好的交流的平台，通过三次三个学校的答辩不仅收获了三个城市不同的风光，而且还感受到了四所学校不同的教学方式与氛围，知道了城市的无可取代，并思考城市设计对于历史、文化、现代生活的具体意义。对我来说最重要的是看到了自己的不足，知道不足之后继续改进，并在现有情况下发挥最好的水平，最怕的就是知难而退，逃避是可耻的行为，只有不断前进才有进步的可能。

　前期答辩
　中期答辩
● 终期答辩

张琪：这次城市设计最重要的不是学会了有关建筑或是有关城市的设计方法，而是在于收获了人与人之间合作的感受。与同学一起做方案是很难得的事情，而且能一起走过这么多城市真的很开心。

# 前期答辩

○ 前期准备  ○ 到达济南  ○ 调研过程  ○ 前期答辩

**前期准备：** 老师给我们发放了任务书并讲解了有关城市设计的重点，包括城市设计关心的问题、城市设计的目的、城市设计与城市规划、建筑单体设计的关系，以及上几次城市设计的相关经验，等等。在设计层面上，老师还给我们讲解了可能遇到的设计问题、合作问题、时间管理问题的应对方法。我们在听了老师的讲解和充分地理解了任务书的前提下，开始准备前期的资料。资料给了我对待承载着城市记忆的济南老商埠的态度。当走完了整个设计流程之后再来审视前期调研的时候，值得反思的问题还有很多。我们在前期调研了很多内容，可真正能够用到设计中的却没有那么多。比如经济，它只在我们给这个区作定义的时候起到了一定作用，但是我们却花了大量的时间。

**到达济南：** 大家怀着对城市设计极大的热情来到济南。到了济南第一印象就是济南火车站拥挤的人流、复杂的交通。当时就想，如此大量的人流一定会对火车站附近的商埠区的设计造成巨大的影响，走了不到五分钟就看到商埠区，更加确定此前的想法。

**调研过程：** 在商埠区中步行，发现商埠区有着现代城市空间中少有的宜人尺度。真实直观的城市体验给了我们真实的设计依据，也让我们看到了商埠区中存在的问题。宜人的街道尺度却不适合于今天以汽车为主的城市交通；当年富饶的商埠区，如今已经没有当年的荣光，甚至开始成为城市细菌的滋生区；区域内以居住为主，但是如今破败的环境已经不能够吸引城市居民的居住，只有那些无地可居的孤寡老人才勉强居住于此；区内配套设施也远落后于济南其他地区，更没有什么能够吸引资源的商业配套。问题很多，设计的复杂性可想而知。

**前期答辩：** 将前期准备和实地调研的结果汇总之后，大家来到了山东建筑大学进行前期答辩。答辩是这次城市设计过程中重要的学习过程。其他学校的答辩是对我们很好的补充。老师的评定和提问，让我们更加明确了自己的方向。

## 前期答辩 PPT

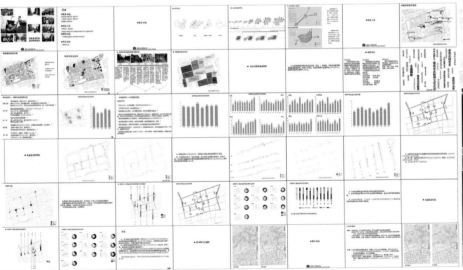

# 前期答辩

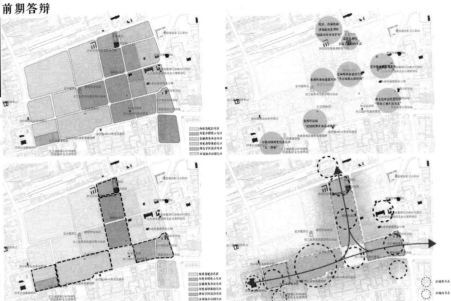

**1. 整体规划**
基地片区整体业态规划。

**2. 历史节点**
基地片区重要节点及其代表分析。
保护建筑
根据规划限定的保护建筑进行保留修缮，选择禁止游客进入保护或者植入。

|  |  |
|---|---|
| 1 | 2 |
| 3 | 4 |

**3. 地块选择**
关键词：主干道、经四路、历史节点、城市绿地、商埠经济、接触长度与辐射区域。

**4. 节点连接**
横向：保留历史记忆，结合基督教堂、济南商埠文化博物馆、中山公园、小广寒电影院旧址的同时对接老商埠与大观园，延续经四路商业格局。

纵向：基于胶济铁路历史以及纬三路（历史建筑遗存）、纬四路（良好的生活气息格局），经二路段（瑞蚨祥老字号存留）、经三路、经四路段（融汇老商埠改造）等诉说商埠历史文化。

## 具体手段

|  |  |
|---|---|
| 1 | 2 |
| 3 | 4 | 5 | 6 |

1. 到达内蒙古
2. 北方四校联合城市设计开幕
3. 答辩
4. 老师提问与评论
5. 参观内蒙古工大建筑学院
6. 聚餐交流

130

## 院长寄语

　　北方四校联合城市设计，以相互学习、共同提高的办学理念为指导，积极探索教育教学新模式，为兄弟院校的相互了解和观摩学习提供了一个很好的窗口。烟台大学师生受益匪浅，三所兄弟院校为我们提供了很好的学习机会。

　　在第二届四校联合城市设计圆满完成之际，我谨代表烟台大学建筑学院的全体师生对教学活动中盟校的领导、老师和同学们付出的艰辛劳动以及各校细心周到的服务表示衷心的感谢！

　　在新的一年即将来临之际，祝愿我们四校联盟大家庭联络越来越紧密、联合教学办得越来越好、特色越来越鲜明、教学水平越来越高，共同实现新的飞跃。祝愿我们的领导、老师、学生一切顺利、幸福安康！

烟台大学建筑学院院长：

隋杰礼 院长

## 指导教师感言

　　北方四校联合城市设计已经举办两届，不论是初次参加还是第二次参与，我们每位教师都感觉四所学校就像一个大家庭，是联合教学把我们联结在一起。通过联合教学，不仅可以领略各校间不同的教学特色、精彩的教学成果，还可以体会到各校同学不同的设计思路、饱满的设计热情，以及积极向上的精神面貌。

　　本次联合城市设计的选题为济南商埠区局部地块的保护与更新，要求同学们既要充分考虑传统城市特色的延续，又要面向未来，迎接城市发展带来的挑战，围绕商埠区的核心价值进行业态组织和空间塑造，设计难度较大，具有一定的挑战性。可喜的是，经过四校师生的共同努力，联合教学的效果是比较令人满意的；同学们在调研阶段深入细致、不辞辛劳；中期阶段构思清晰、分析严谨；最终成果表达清晰、精彩纷呈。

　　最后，我们要衷心地感谢各校师生对本次联合教学的付出！祝北方四校联合城市设计越办越好！

领队教师：高宏波

高宏波 老师

## 学生感言

　　从单体建筑设计到城市设计，用一句话陈述感悟就是："全景的学科视野，多重的训练循环。"然而做到却是很难。空间之空，无之以为用；空间之间，有之以为利。在本次城市设计中，有收获，也有遗憾……对的，坚持；错的，放弃。做当下的事，为历史负责；做个人的事，为民族担当！同时非常高兴我们拥有这次机会和兄弟院校互相学习，感谢老师们的辛勤指导，感谢每一位成员坚持不懈的努力与付出。

学生代表：刘玉飞

刘玉飞 学生代表

## 指导教师

| 王刚 老师 | 周术 老师 | 贾志林 副院长 | 李莎 老师 | 任书斌 副院长 | 鲁惠敏 老师 |
|---|---|---|---|---|---|

# 北方工业大学

组员：孙艺畅　苗　菁　曾　程　李　民

黄俊凯

指导教师：贾　东　卜德清

# 第一部分　肇始与调研篇

## 1.1　济南商埠区的由来

### 1.1.1　发展过程

**商埠区形成的历史背景**
济南商埠区起源于甲午战争后，人们对抵制外来侵略、挽救民族危亡的思索。19世纪末20世纪初，清政府自开商埠，振兴商务，发展实业，以抵制外来侵略，促进国内工商业的发展。1904年，德国修筑的胶济铁路修至济南并全线通车，利用铁路交通的新优势，抓住机遇振兴民族实业的"自开商埠"便应运而生。1904年5月15日，清政府批准济南开辟商埠，并在1906年1月1日举行了开埠典礼。

**商埠区范围**
东起济南老城之西（今纬一路），西至北天穗树（今纬十路），南沿赴长清天道（今经毛路）北以胶济铁路为限（今经一路），计东西长约五里、南北约二里的区域划作埠，用以商货转输、发展商业。

**商埠区发展的历史演进**
1918年，将普利门外沿顺河街向西到纬一路的地段拓为商埠区。商埠的经一路、经二路、经三路逐渐发展为商业繁华之地，数不清的银行、洋行、老字号及商场式市场纷纷在此兴堆，济南工商业在国内城市中的地位扶摇直上。据统计，1927年，济南仅城关及商埠两地区的商户就达6700多家，成为山东的政治、经济、文化中心和我国的交通枢纽，也是华北重要的物资集散地。1926年，胶济铁路以北被规划为北商埠，至20世纪30年代后期，北商埠逐渐成为以天型轻工业为主的工业区，成为北方纺织亚和面粉业的中心。1939年，日伪政府又规划将齐鲁大学以西、四里山以北、岔路街以东、经慢路以南约1公顷土地为南郊新市区，又称南商埠。还陆续将官扎营、南大槐树、营市街以及商埠区内原来保留的三里庄等地划入商埠。到抗战结束后的1945年，济南商埠租已近70公顷。

### 1.1.2　区位定位

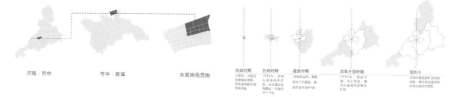

**济南城市定位**
从国家及区域发展的角度来看，济南拥有较高的城市地位和社会经济基础。济南位于鲁中西部，是山东省省会，是山东的政治经济、科技文化、教育旅游中心，区域性金融中心。在加强古城区和商埠区保护的同时，保留商业、服务业中心功能，发展商业、金融、旅游服务等第三产业。古城—商埠区旧城改造应特别注意保护和继承以千佛山、大明湖、四大泉群和古城区，以及黄河为主体的城市风貌特色，提升城市建设水平，更加注重城市载体功能和产业统筹发展，更加注重夹坞城市特色、文化内涵和生态绿化建设，塑造现代化城市新形象。优化提升老城区，以释放发展、提升功能形象为重点，抓好棚户区、城中村和危旧简易楼群改造，积极稳妥地推进前府、商埠区等重点区域的保护改造。

**商埠区的定位**
在一百多年的发展过程中，随着济南城市的发展及扩张，商埠区已经由曾经的城郊区发展成后来的城市核心区，但随着城市现代化飞速发展及新区的建设，济南中心逐渐东移，商埠区逐渐失去了曾经的繁华及城市地位。

### 1.2.2　商埠遗迹

**文保建筑**
商埠区的繁华促成面内独具特色的大规模城市建筑群的出现，多元化的建筑类型、多样性的建筑风格，形成中西建筑文化交融于一体的商埠风貌。地块内保留着一些历史文化建筑，主要集中在经一路到经三路，纬二路到经五路之间，它们有的已经淹没在成片的居住区之间，有的孤立在道路的交汇口，由于周边建筑环境的改变，也已显风光不再。

**道路里分**
经路与纬路将商埠区切割成大小不等的棋盘状街区，沿街可安排商业店铺，街区里面则建造里弄或别墅。这种布局是西方近代商业城市常用的一种规划手法，便于功能分区。这种经纬格局的路网划分，在今天虽也是较为成熟完美的道路格局，其道路密度仍远远高于目前济南其他区域。但让我感到可惜的是，随着城市的建设，其中的小街巷正在逐渐消失，曾经的"里分"格局也在逐渐走向没落。

## 1.2　济南商埠区的基本现状

### 1.2.1　整体风貌

**现状**
商埠区自开始设立，就引入了现代城市规划布局、经营管理的理念。街区采用了南北向和东西向道路相垂直的棋盘式道路网格局，根据交通条件、建筑功能和商业市场需要来朝向划分街坊大小，形成规整小尺度路网和人性化尺度的街巷肌理，街区路网考虑了与旧城区对外交通的衔接。商埠区中西文化的交汇融合，形成了具有浓厚历史文化、良好商业氛围和宜人步行尺度的特色街区和中西融合的建筑风貌。然而，随着社会、经济、文化的发展，商埠区出现功能不齐备、结构不合理、风貌破坏严重、活力下降等问题，其生存和发展面临严峻挑战。

## 1.3　有关济南商埠区的上位规划

**历史城区范围的划定**
历史城区范围的划定以济南20世纪30年代城市建成区范围为重要参考，兼顾现状道路及用地，北至胶济铁路、东至历山路、西至纬十二路，南至经七路、顺河高架路和经十路。总面积共计16.03平方公里。

**历史城区的保护**
从总体格局、古城及商埠区格局、传统街巷、空间视廊、重要街巷断面形式、名泉文化景观要素等对历史城区进行重点保护。保护历史城区古城及商埠区双城并置、经二路、经四路横向连接的历史格局特色。通过绿化显现、风貌整治、历史信息标识等手段强化历史城区总体格局的特色。

**商埠区的保护**
保护商埠区小格网街巷、中山公园居内的格局特征。商埠区内不得随意增减道路，不得变更现有道路红线宽度、走向，不得增设高架路，置点保护范围内一园十二坊传统风貌区，保护区内小格网街巷的格局特色及街巷宽度、走向，经四路横向连接的风貌格局，保护商埠区范围内街巷肌理的断面形式，沿街巷两侧新建建筑高度应与传统街巷尺度协调。

## 1.4 第一次调研收获
### 1.4.1 传统里分的分布与现状

保留下来的传统里分布于经纬网格之间，其中在纬四路分布得比较多。里分还保留着传统的空间格局、亲切的尺度感和良好的交往氛围，但是建筑的保存状况良莠不齐，部分里分内部院落空间杂乱，卫生条件差，缺乏交往空间。

里分的分布情况

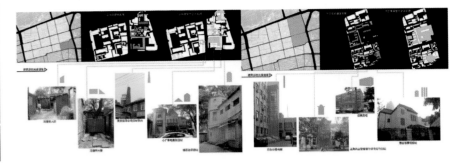

### 1.4.3 地块肌理、空间形态

传统里分与合院建筑在地块内显得比较密集，空间类型丰富，与后期新建商业住宅等对比鲜明。但里分的建筑质量需要提升。

政府及商业办公建筑比较集中的地块，建筑密度较低。内部大量空地都为政府所有。

### 1.4.2 街巷问题梳理

经纬街道上不同的业态呈现出不同的街道宽度及建筑与街道的高宽比，尺度大多非常适宜。已经根据道路宽度，规划好车辆的单双行道路。行道树占用了一些人行道，减弱了人行道的通行性。道路边停车问题严重。

纬三路

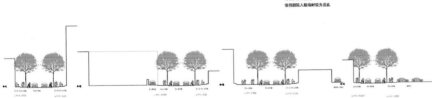

### 1.4.4 公共空间与停车

停车
停车泊位严重短缺，占路停车现象严重，停车场地规划不当。

公共空间
仅有中山公园一个大型公共空间，缺乏分散的小型开放空间，一些广场被停车占用。

## 第二部分　城市形态类型与综合分析篇
### 2.1 现场纪实分析——纷繁复杂的要素

**总结**

从宏观的经纬布局到中观的建筑形态，再到微观的砖砌细部，处处都透露着经纬布局的影子。经过百年来的历史积淀，经纬式的布局已经深入人心，是商埠区独有的特点。高大的高层建筑和电线杆、行道树，给商埠区的垂直方向上增添了不少的点缀，同时也丰富了街道的立面构成。这些细节也无一不体现着经典的经纬布局。人们的生活方式已经被潜移默化地改变，未来的规划也会遵循着这个规律，将商埠区的历史融入它的未来，为这里的人们呈现出一个统一、连续而又富有变化的生活形态。

### 2.2 图底分析——建筑与空间的历史沿革

建设年代
- 2000以后
- 1978-2000
- 1949-1978
- 1909-1949

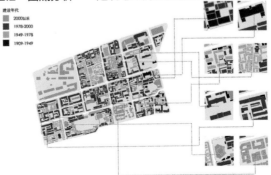

1909-1949年建成的建筑，大多数都以文保建筑的形式留存下来。由于历史原因，它们大多数在建筑形式上是中西结合的形式。

1949-1978年建成的建筑，现存的功能以居民住宅为主，建筑质量、空间质量和卫生条件大多数较差，它们的建筑和空间形式有统一的特点，对城市形态的影响较大。

1978-2000年建成的建筑，形式和功能多样，较为混杂，基本没有统一的形式，精品建筑较少。

2000年以后建成的建筑，功能以商业和住宅为主，形式多样，包含住宅小区和很多高层建筑，其中靠近商埠区的建筑质量和空间质量都比较高。

经纬之间——济南市商埠风貌核心区保护与更新城市设计

第一部分　肇始篇

第二部分　城市形态类型与综合分析篇

第三部分　建筑形式研究篇

第四部分　形态类型与综合分析篇

第五部分　经纬调研篇

第六部分　设计导则篇

第七部分　地块模式篇

第八部分　愿景与故事篇

北方工业大学

## 2.3 街道分析：经三路

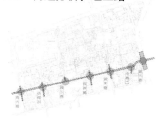

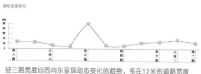

经三路宽度自西向东呈现动态变化的趋势，多在12米的道路宽度上下浮动。小纬二路交叉处道路偏窄，随着不断远离主干道，街道宽度也随之变窄。在与纬五路的交界处，正对中山公园入口，经三路街道宽度突变，从而确保了足够的入口公共空间

经三路是一条以休闲慢生活为主的"西南—东北向"街道。在研究范围内，自西向东，从纬六路不断延伸至大纬二路，被南北向各5个街区共同围合成一条延续的经三路街道空间，全长约1110米。

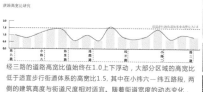

经三路的道路高宽比值始终在1.0上下浮动，大部分区域的高宽比低于适宜步行街道体系的高宽比1.5，其中在小纬六—纬五路段，两侧的建筑高度与街道尺度相对适宜。随着街道宽度的动态变化，建筑高度也相应发生着丰富的变化，从而形成动态变化的高宽比值，直接影响了经三路的街道空间形态。

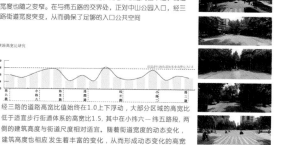

树木的间距沿步行道不断地发生变化，偶尔"缺失"的树木都被大型的街类所替代，人行道上的树木生长在建筑2.4米以下的范围内，能够有效地遮挡那些最缺乏生趣的建筑立面。夏天，树木引导并限制着人们的视野，形成了一种树荫之下低矮、水平的视觉景观，画面的中心是灯火摇曳的店铺，统摄全局的色彩是绿色。在街道的转角处主要是开敞空间，树木到此处戛然而止，交叉口并不总令人愉快。秋冬季节，法桐的枝叶凋零之后，街道的第五立面逐渐消失，形成截然不同的道路空间。

## 2.4 巷径分析

商埠区在特色的经纬网格框架体系下，有着层级丰富的街道空间系统，从大的经纬道路，到次一级的由经纬道路通向内部地块的巷道空间，再到下一层级的地块巷道的分支与建筑之间仅可容入通行的空间。等级不同的街道空间组织在一起形成了一套完成丰富的街道空间。

经三路周边业态基本保持底层商铺，上层住宅的开发模式，呈现"周边街廓"的欧洲经典城市格局。其中穿插有办公区域、商务酒店区域和医疗卫生体系，基于这样互相交织的业态，构成了丰富的街道生活体系。

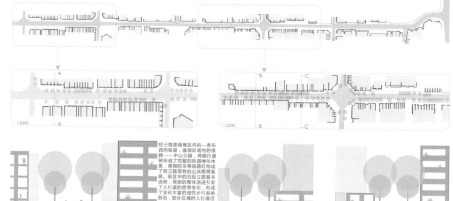

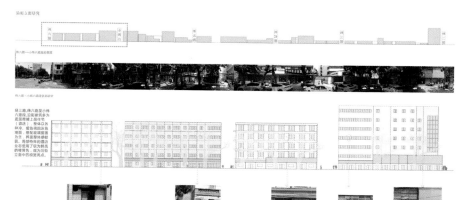

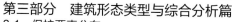

## 第三部分　建筑形态类型与综合分析篇

### 3.1　保护要素分布

#### 3.1.1　文物保护建筑

### 3.1.2 围合形态的展现

地点：原英美烟草公司旧址大院
围合程度：低
该处建筑物经过简单围合，形成一个较大的空间，具有强烈的向心性，能较好地突出主体建筑

地点：如家酒店大院
围合程度：中等
该处建筑物经过有规划的围合，形成一个有具体功能的大院，大院使用程度一般，空间性质较为封闭

地点：北洋大戏院南侧二层围合院
围合程度：高
该处建筑物经过详细规划，形成一个有活力的庭院，周边为二层的招待所，居民融洽程度高

地点：经四路基督教堂周围民居
围合程度：较高
该处建筑物经过百年来人为的围合，形成一个个独立的民居小院，现今仍有住户，房屋为砖木结构，结构完整程度较高

### 3.1.3 沿街立面的延续

经三路的沿街立面造型变化较少，建筑高度较为平均，最高的建筑不超过10层，变化最大的是融汇新区部分，平均沿街建筑的间距变大，风格也变为仿德式建筑风格，左右延续的立面应该保持这种古朴的立面风格。

由于经路普遍宽于纬路，故沿街立面较纬路有较大的起伏，不仅局限于建筑的外墙组成，还有院子的围墙，形态比较自由，变化较多，立面元素也较为丰富。此类立面延续的原则主要是建筑间距大致符合原有距离，立面变化适当加大。

## 3.2 建筑质量分布

### 3.2.1 新建建筑（部分）

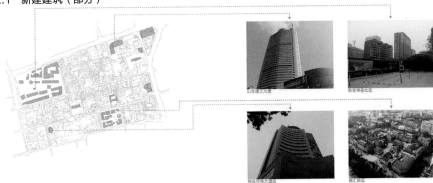

上图中红色部分的建筑大部分为20世纪前后建造，建筑质量都较好，其中有居民区，政府办公楼及新规划的商业区。新建建筑中，除新规划商业区融汇新区尚未开始使用之外，其他建筑或建筑群使用状态都较好，活力值高，其外观近15年将不会做出较大改变，空间形态予取予以保留。

### 3.2.2 近现代建筑（部分）

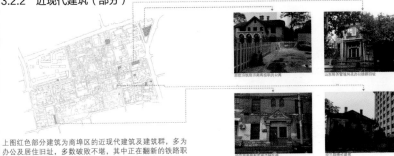

上图红色部分建筑为商埠区的近现代建筑及建筑群，多为办公及居住旧址，多数破败不堪，其中正在翻新的铁路职员公寓，改造后将继续投入使用。邮政局大楼翻新结束，而其他一些德式建筑已经相当于废弃，应当在尊重历史的情况下充分予以利，唤起商埠区记忆的同时，最大化利用土地等资源。

### 3.2.3 当代建筑（部分）

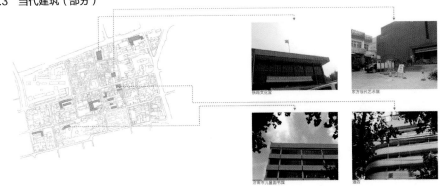

上图红色部分为较大型当代建筑，这类建筑功能繁多，从文化建筑到居住建筑都有，其中以居住建筑偏多。现今商埠区内大部分的住宅楼为20世纪七八十年代兴建，如今已是锈迹斑驳，外墙皮脱落，亟待修复与更新。此类建筑的空间形态应予以局部改造。

### 3.3 建筑风格分布

经纬之间——济南市商埠风貌核心区保护与更新城市设计

第八部分 愿景与步骤篇
第七部分 地块模式篇
第六部分 地块设计篇
第五部分 经纬导则篇
第四部分 建筑形态类型与综合分析篇
第三部分 城市形态类型与综合分析篇
第二部分 肇始与故事篇
第一部分 经纬调研篇

北方工业大学

## 3.4 建筑色彩分布

## 3.5 绿化类型分析
### 3.5.1 线状绿化：行道树

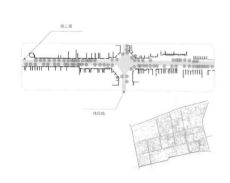

行道树沿街布局，呈带状的形式，以无限延伸的方式，引导人们的行走方向，同时，沿街行道树还呈现出季节性的变化；冬天的行道树相对于夏天的行道树来说，绿化的作用减弱。

### 3.5.2 片状绿化：中山公园

中山公园为中式的围合式公园，相对于商埠区来讲算是片状绿化的代表；大面积的绿化给这个古老的商埠区增添了生机。同时也是商埠区内居民休闲的唯一去处，绿化为中心发散，向外扩张，吸引着许多的居民与游客。

### 3.5.3 点状绿化的缺失：小型公共绿地

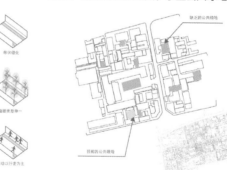

目前商埠区内的点状绿地非常缺乏，空间品质难以提高。在适当的开敞空间内适合设置局部点状或垂直绿化。在必要的情况下可以建立起局部的小型生态区，用以调节城市内部小生态平衡。

## 3.6 现状业态分析

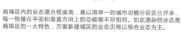

商埠区内的业态混合程度高，难以用单一的城市功能分区区分开来，每一栋楼在平面和垂直方向上的功能都不尽相同。如此混杂的业态是商埠区的一大特色，方案新建城区的业态页将以综合业态为主。

## 第四部分　经纬导则篇

经纬
原用于地理坐标系统中经纬度的简称。它是一种利用三度空间球面来定义地球上空间的球面坐标系统，能够标示地球上任何一个位置。
　　——选自"维基百科"中"经纬"词条
经纬道路
仿照地理坐标系统中的空间定位方式，以经纬的方式命名道路，组成交叉网格状的道路系统，便于街道的组织，形成东、西、南、北通达的商埠区风貌；均为交织的街道体系为多种文化的交融创造了场所；道路作为硬件体系，与绿化体系、照明体系、公共设施提升、地下空间体系等软件体系一同构成了完整的街道支撑体系。

〔2016年9月7日 周三〕
由商埠区一天的车流量情况统计图（左图）可以看出，其道路系统车流通行情况良好，基本无拥堵情况发生。商埠区的经纬小网格系统充分适应了城市的大交通环境，周边的车流量被合理地分流到东南西北畅通的小尺度街区中，实现四向通达的商埠微交通生态系统。

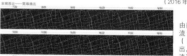

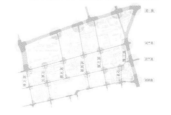

## 4.1 经纬的丰富含义

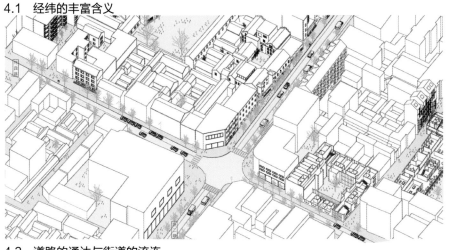

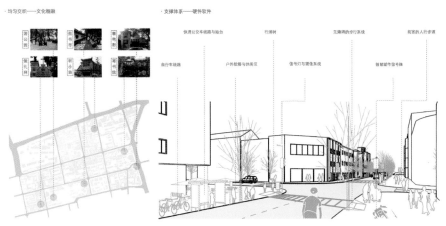

## 4.2 道路的通达与街道的流连

商埠核心区整体被城市一、二级干道所包围,逐渐向区域内过渡,街道的尺度逐渐缩小,现状中人的活动频率降低,人群的聚集度也相应减少。

## 4.3 单双向行车道的确立

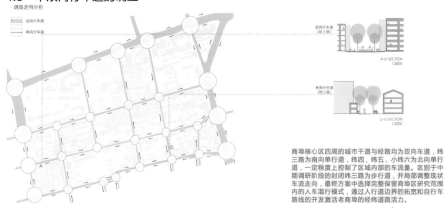

商埠核心区四周的城市干道与经纬路均为双向车道,纬三路为南向单行道,纬四、纬五、小纬六为北向单行道,一定程度上控制了区域内部的车流量。区别于中期调研阶段的封闭纬三路为步行道,并局部调整现状车流走向,最终方案中选择完整保留商埠区研究范围内的人车混行模式,通过人行道边界的拓宽和自行车路线的开发激活老商埠的经纬道路活力。

## 4.4 道路路断面研究

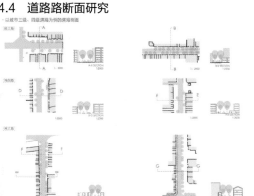

经纬道路的经路和纬路分别为双向四车道和单向车道,不同层级的划分实现了特色的人车并行的棋盘式街道。

## 4.5 基本界面的连续与适当缺口

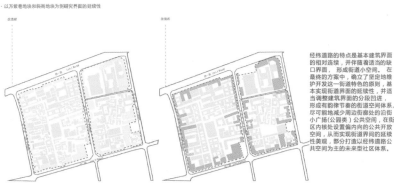

经纬道路的特点是基本建筑界面的相对连续,并伴随着适当的缺口界面,形成街道小空间。在最终的方案中,为坚定地维护开发这一街道特色的原则,基本实现这一街道界面的延续性,并适当调整建筑界面的分段凹进,形成有韵律节奏的街道空间体系,尽可能地减少周边肆意的沿街小广场(公园类)公共空间,在街区内核处设置富内向的公共开放空间,从而实现街道界面的延续性美观,部分打造以经纬道路公共空间为主的未来型社区体系。

北方工业大学

## 4.6 绿化界面

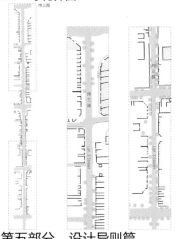

## 第五部分 设计导则篇

### 5.1 总体设计

#### 5.1.1 区域概述

济南开埠于1904年，契机是胶济铁路的修建通车。清政府利用铁路交通的新优势，抓住机遇、振兴民族实业的"自开商埠"便应运而生。

商埠区自开始设立，就引入了现代化城市规划布局、经营管理的理念，其一百多年间的繁荣历史也促成国内独具特色的大规模城市建筑群的出现——多元化的建筑类型、多样性的建筑风格，形成中西建筑文化交融一体的商埠风貌。

然而商埠区建筑现状令人颇为担忧，建筑保存质量不好，空间使用欠佳的情况比比皆是。

### 5.2 开发控制指引

在商住混合模式的前提下，以现有的商埠区功能分区为基础，分别新建筑本体保护功能，基于鼓励土地使用多样性和灵活性的原则，在总体层面对土地使用类型的界定属框架性和指导性要求，有较多的弹性和兼容性。在各分区导则中，将根据各分区功能和土地使用特性的不同，对分区内具体开发地块，更精确、有针对性地细化和引导适合的土地使用类型及其使用需求。商埠区是一处综合性地区域，有多种土地使用类型，主要包括居住、行政办公、商住混合使用、商业文娱、文化教育、公共绿地/开放空间等。

#### 5.1.2 愿景

塑造一个弥漫在商埠区中的，关于济南城市发展历程的一个缩影的商埠博物馆故事区。在对商埠区的旧城改造中，应注重其独特的建筑和城市风貌，突出其城市特色、文化内涵和生态绿化建设，塑造现代化省城市新形象，让商埠区成为展现济南丰厚的历史以及对现代社会适应性发展的一个新窗口。

#### 5.1.3 目标与设计策略

以八画故事串联起整个商埠区的历史记忆，协调新旧关系、建筑类型和城市肌理。
关键词：生长、冲突、发展
回归、秩序、历史

整体构思

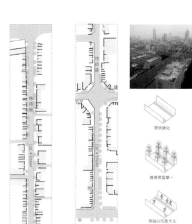

## 4.7 地下空间与支撑体系

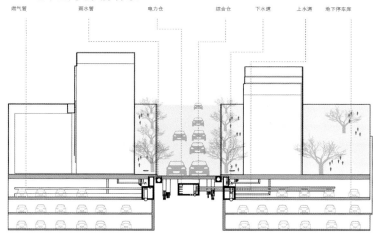

城市综合管廊与停车空间将电力、通信、燃气、供热、给水排水等各种工程管线集于一体。共同沟建设避免了敷设和维修地下管线时，频繁挖掘道路而对交通和居民出行造成影响和干扰的情况，保持路容完整和美观。由于共同沟内管线布置紧凑合理，有效利用了道路下的空间，节约了城市用地，减少了道路上的杆柱及各种管线的检查井、室等，优化了城市的景观。架空管线一起入地，减少架空线与绿化的矛盾。同时地下停车空间的引入大大缓解了经纬路上的停车拥堵问题，面向未来。

#### 5.2.1 建造实施原则

按照分期建设的原则进行商埠区的改造与重建。

(1) 建设周期

第一期为2016-2020年，第二期为2021-2025年，第三期为2026-2030年。每一个建设周期为五年，总时长为十五年。

(2) 确定不同时期建设内容的原则

根据现存建筑的使用年限、建筑与环境质量、使用情况来确定不同建设周期中建筑的保留与重建情况。

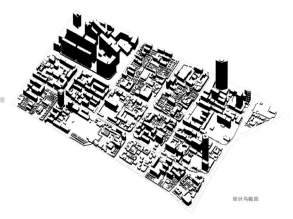

现状鸟瞰图

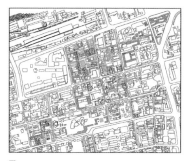

2016-2020年建设计划

2021-2025年建设计划

## 5.2.1 建造实施原则

2016-2020年新建建筑
2021-2025年新建建筑
2026-2030年新建建筑
到2020年为止改造修复完成建筑

2026-2030年建设计划

教育类
文化类
行政办公
商业文娱
公共绿地/开发空间
住宅
商住混合
商业

建设计划功能分区

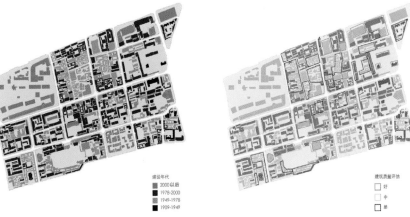

建设年代
2000以后
1978-2000
1949-1978
1909-1949

建筑质量评估
好
中
差

## 5.2.2 建筑高度分区

计划建筑高度分类

&lt;10m
10-20m
20-30m
30-40m
&gt;40m

原则：
1. 避免垂直方向上的过多变化，尽力保持统一的高度。
2. 无特殊情况不再修建50米以上的建筑。
3. 新修建的住宅类建筑或者商住混合类建筑高度基本上统一在30米以下。
4. 新建筑应尊重原基址上的建筑高度，减少高度变化过大的新建筑。

商埠区现状鸟瞰图，建筑高度未曾经过规划，杂乱无章，影响良好的城市天际线的形成。

商埠区存在的建筑高度和谐的地区，既有新规划修建的建筑，也有老式的合院建筑。

## 5.2.3 经济技术指标

容积率　　　　建筑面积　　　　占地面积

## 5.3 混合业态的保护与再生发

商埠区目前的业态分布以中低端餐饮及零售为主，大量重复性的、无差别的业态的出现以及能拉动旅游和消费的创意文化等高附加值产业的缺失，使得商埠区无法在周围商圈的竞争中突出其优势。

商埠区目前已经初具混合业态的规模，尤其是商住混合的现状，使得进一步的发展成为可能。有差异性的混合业态的存在必然会更好地服务于居民，拉动消费，吸引旅游观光，刺激商埠区的发展与繁盛。

改变现状，首先要从商埠区潜在商业价值入手。商埠区内有北洋大戏院、瑞蚨祥、便宜坊、亨达利钟表店等具有历史价值的点，依托这些点可以形成各具特性的混合业态。

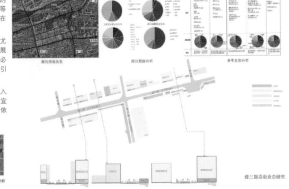

周边用地关系　　　周边繁荣分析　　　参考业态分析

街道某段具体业态分析

经三路沿街业态研究

## 5.4 特殊城市结构的保护

商埠区独特的城市结构在于它的经纬路构成和小街区组合。

商埠区特殊的历史影响了经纬道路的形成，东西向的路称"经路"，南北向的称"纬路"。经纬路的纵横排布产生了小尺度的街巷，因而使得交通更加通畅，较少发生拥堵；道路也更加适合人车混行的方式，尺度更为宜人，减少了大尺度道路的产生。

经纬道路的规划类似于西方的网格规划，其中尤以巴塞罗那的塞尔达规划为代表。以塞尔达规划为基础，巴塞罗那充分地发挥活力和小尺度街区的优势，以此为目标，我们可以期许商埠区未来充满生机的街道生活。

小街区的存在避免了大规模的拆建行为，不仅能够很好地保存城市肌理与记忆，而且小规模的开发可以激励更多市民参与其中，集合众智，让城市建设变得真正回应人民的需求和期待。

因此，现有的道路尺度和街区尺度是具有先进性的，不仅要对它进行着力保护，并且要进一步充分地挖掘它的优势，让经纬路与小尺度街区的优势更好地在商埠区服务于人民，并起到示范作用，进一步地推广开来。

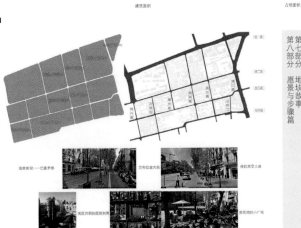

图集美观—巴塞罗那　　　兰州拉面大街　　　格拉西亚大道

街区内的露营列表　　　　　　　　街区内的小广场

139

## 5.5 地块模式

### 5.5.1 街区边界的限定

在商埠区的各个街区中，大部分的沿街立面由建筑立面限定，但有的地方是围墙或栅栏等。建筑物凹进或凸出沿街店面有规律的开间划分，丰富并消解了大体量，使得以人的视角看来，尺度宜人。

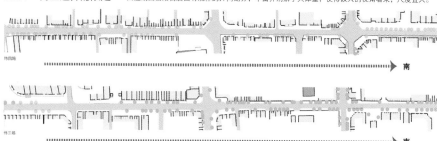

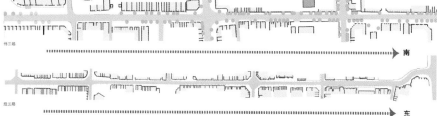

### 5.5.3 特殊地块——中山公园

中山公园是一个典型的内向的中式园林，在原有的规划中被自然地划分为三个区域。最终的方案区别于中期的完全开放式景观设计，选择了尊重市民生活习惯与审美需求的偏内向式格局。通过周边的建筑补充了其缺乏的文化娱乐饮食业态，完善了沿街立面。底层的局部架空实现了街道立面的透明性，使得人们可以从各个角度与公园内部景观保持视线和路径上的联系。交通轴线上，控制东西向与教堂区和融汇区的联系，南北方向上保持与纬路的连续性，形成各向通达却又符合中国传统园林精神的面向未来的园林空间。第一阶段从南向出发，打造经四路上延续广场的公园空间，并辅之以西洋风建筑的改造；第二阶段，东北角的住宅区根据年限的情况重新设计成与业态相互关联的图书馆综合区；第三阶段，西南角的社区活动中心逐步建立起来，形成完整的市民公园生活。

### 5.6.2 道路类型分配

商埠区中的道路按照城市道路等级可以分为四级，由外向内尺度逐渐降低。按照城市类型分成四类：通达性、商业性、生活性和景观性。依据现有的区域特性和功能进行分配。

商埠区的经纬路网十分适合人车并行的出行方式。马路的宽度一般在8~15米之间。在对商埠区进行设计时，应该着重道路与街道的设计，由此来鼓励自行车出行和步行交通，从而逐渐地向这种非机动的绿色出行方式转变。

**（1）从"主要重视机动车通行"向"全面关注人的交流和生活方式"转变**

目前道路规划建设中，仍以机动车的"排堵保畅"作为道路建设和管理的唯一目标，却常常给人们的使用带来种种不便。

城市交通的根本目的是实现人和物的积极、顺畅流动，因此要在观念和实践中真正实现从"以车为本"到"以人为本"的转变，必须应用系统方法对慢行交通、静态交通、机动车交通和沿街商业进行统筹考虑。

**（2）从"强调交通功能"向"促进城市街区发展"转变**

不应用交通效率作为评价道路的单一指标，更需要重视其公共场所功能，促进街区活力的功能、提升环境品质等综合认知功能。

体验城市、促进消费、增加市民交往和社会活动均与街道紧密联系，应当重视街道作为城市人文记忆载体，促进社区生活、地区活力和经济繁荣的作用。

### 5.5.2 内容空间的丰富性

经历数百年历史积淀的商埠区内，存在着非常丰富的建筑类型与城市肌理，不同时期的建造记忆叠加在一起，构成了商埠区独有的场所感。在一个街区内进行更新建新建筑时，首要对它的建筑类型和城市肌理进行梳理和归纳，合理地运用到新建建筑中，使得商埠区的记忆仍旧能够保存在一个个场所之中。

## 5.6 道路的综合利用与再生发

### 5.6.1 首路分级

道路是能够供各种车辆和行人等通行的基础设施。城市道路是指在城市范围内，供车辆及行人通行的具有一定技术条件的道路。道路和交叉口共同构成了城市道路系统，保障城市各区的连通性与可达性。

针对城市交通的特点，改进以设计车速确定道路等级的做法，根据车道数量和空间容量确定道路等级，适度降低路段与节点设计时速，以达到缓解交叉口机动车与行人和非机动车冲突的目的。

从道路宽度和宽高比中可以看出，商埠区内的道路尺度是适宜的，经过良好设计规划后将会为这个区域的发展作出不可忽视的贡献。

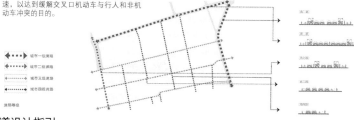

## 5.7 街道设计指引

### 5.7.1 目标

街道指的是在城市范围内，全路或大部分地段两侧建有各式建筑物，设有人行道和各种市政公用设施的道路。就概念而言，道路较为强调交通功能，可以根据交通的能划分为若干等级，而街道强调空间界面围合、功能活动多样、迎合慢行需求，根据沿线建筑使用功能与街道活动分为不同类型。

对公共开放空间属性的强调，是街道的主要特征。

街道是城市外部形象的重要载体，人们通过街道的空间和形象来认识城市。而商埠区的"窄马路、小街区"的天然优势，使得它通过街道来向外界展示其文化风情和人文关怀的城市视野变得更为有利。

街道还是其经济发展的重要资源。通过改善街道的空间环境品质，完善基础设施与公共交通网络，提升街道的步行适宜性，可以激发商有活力的街道生活，增强社区吸引力，进而带动周边土地商业价值的提升，吸引更多元的高品质的商业设施与便利服务，满足街区的工作与生活者的日常活动所需。富有地域特色的街道风貌、街道形象以及充满活力的街道生活体验能够对优秀的企业和个人形成巨大的吸引力。

街道是连接工作、居住、学习、休闲等各类生活目的地的空间线索。这种联系的方式可以是步行、自行车、公共交通和小汽车中的一种或几种。除此之外，街道本身也是进行城市活动的空间。偶遇的邻居们会在街边聊天，小孩们会在街边玩跑步，逛街的人浏览街边的橱窗，街头艺人在街边尽情表演，这些连接和活动在街道交织、共处，创造了纷繁的街道活力，决定着街道生活的日常体验。

## 5.7.2 设计原则

| **安全街道** | **绿色街道** | **活力街道** | **智慧街道** |
|---|---|---|---|

**基本理念：坚持"以人为本"，将城市街道塑造成安全、绿色、活力、智慧的高品质公共空间，至兴衰建义监。**

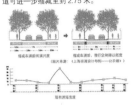

（图片来源：《上海街道设计导则——公示版》）

## 5.7.3 慢行空间

现阶段商埠区的慢行空间数量少且设置不合理，在新的规划中，在上位规划的指导下，保持街道尺度走向不变，努力为非机动车使用人群提供宽敞、畅通的通行空间。

（1）应合理控制机动车道规模，增加慢行空间
商埠区现在的马路宽度多为8~15米。现状慢行空间不足。可以通过缩减车道数量和宽度等方式增加慢行空间。商业街道和生活服务街道鼓励应用3米宽的机动车道，路口进口道可进一步缩减至到2.75米。

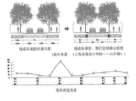

（图片来源：《上海街道设计导则——公示版》）

（2）人行道分区

应对人行道进行分区，形成步行通行区、设施带与建筑前区，分别满足步行通行、设施设置及与建筑紧密联系的活动空间需求。
步行通行区是供行人通行的有效通道空间；设施带是指人行道上集中布设沿路绿化、市政与休憩等设施的带形空间；建筑前区是紧邻临街建筑的驻留与活动空间。

（3）红线内外空间统筹利用

沿街建筑底层为商业、办公、公共服务等公共功能时，鼓励开放边界空间，与红线内人行道进行一体化设计，统筹步行通行区、设施带与建筑前区空间。开放式退界应与红线内人行道采用相同标高，采用相同或相似铺装，限制设置台阶、停车、不可进入的消极绿化等设施，保证空间的联通与灵活使用。

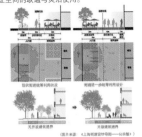

（图片来源：《上海街道设计导则——公示版》）

## 5.8 地下空间设计指引

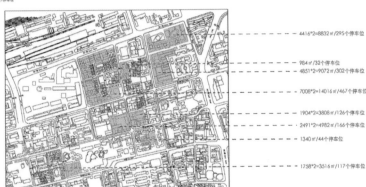

地下停车场

- 4416*2=8832 ㎡ /295个停车位
- 984 ㎡ /32个停车位
- 4851*2=9072 ㎡ /302个停车位
- 7008*2=14016 ㎡ /467个停车位
- 1904*2=3808 ㎡ /126个停车位
- 2491*2=4982 ㎡ /166个停车位
- 1340 ㎡ /44个停车位
- 1758*2=3516 ㎡ /117个停车位

## 6.1 保护建筑

对巷径空间及合院的保护

传统的里分空间是商埠区长久存在的城市肌理，保护地块内的巷径空间是保护历史文化的基础。这种传统的里分在城市旧城更新与发展的过程中应加以保护并延续。地块内存在大量的里分空间形态，空间质量比较好，但院内往往非常杂乱，有严重的私搭乱建现象，原本清晰的图底关系变得模糊。设计中我们保护了原有的里分与合院的空间形态，院子内部进行适当的清理与重建，空间尺度上更适合人的居住。对院街和邻广场的建筑进行适当的重建加高。临街商业建筑使得内向的合院适当地往外发展。里分保持了原有的巷子尺度，尊重历史沉淀下来的精神场所空间，对尽端式巷子的疏通，增加了地块内部道路的连续性与贯穿性。

# 第六部分　地块模式研究
## 6.1 保护建筑

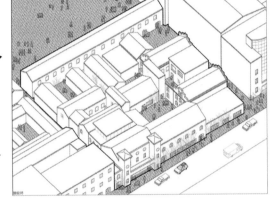

侧脸楼

建筑本体　院落空间　段卷空间

山东真裕和北洋大戏院

保楼本体　院落空间　段卷空间

## 6.2 地块边界的分析与保护要素的提取

边界保护要素

街道本是被地块边界限定出来的线性空间，具有很强的通行性，但缺乏停留性。通过对地块边界进行适当的凹凸处理，我们可以在街道增加缓冲及开放空间。边界有多种多样的处理方式。在设计中，我们保留了街道立面的延续性，适当保留原有地块边界的凹凸关系。
在人行道较窄的地方，建筑适当后退。通过对地块边界的处理来增加街道空间的丰富度。

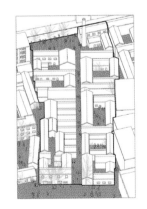

## 6.3 经纬与地块间的公共支撑体系

**城市综合管廊**
城市综合管廊将电力、通信、燃气、供热、给水排水等各种工程管线集于一体。共同沟建设避免了敷设和维修地下管线时，频繁挖掘道路而对交通和居民出行造成影响和干扰的情况，保持了路容的完整和美观。由于共同沟内管线布置紧凑合理，有效利用了道路下的空间，节约了城市用地，减少了道路的杆柱及各种管线的检查井、室等，优化了城市的景观。架空管线一起入地，减少架空线与绿化的矛盾。

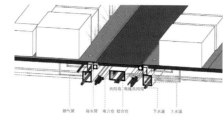

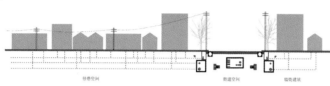

## 6.4 现状形态与目标形态的调整关系

### 6.4.1 保留建筑几何类型

在改造与更新过程中，对于保留建筑的建筑类型关系研究，可以指导我们对周边新建建筑类型的选择。

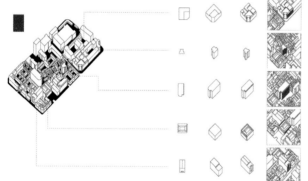

### 6.4.2 设计过程

地块原始图底关系

提取地块内建筑间的组合形态（以围合式为主）

保持原有的物质空间，提取地块内建筑的几何类型进行组合

### 6.4.3 现状建筑几何类型的提取

为维持一座城市的形态，在城市更新和构造时，对新建建筑类型的引进和选择要格外慎重。因为引进一种完全异化的建筑类型会导致整体城市形态、面貌的巨大转变。建筑类型的选择应有据可依，有案可查，有历史因借和传承。

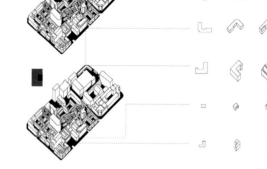
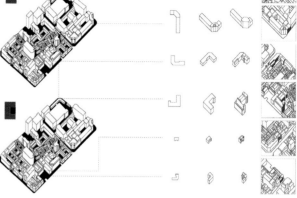

### 6.4.4 总结提取建筑类型

纵观整个地块，围合式的传统院落空间占大多数。结合新建筑的功能需求，此地块的更新以围合的建筑类型与空间形态为主，并辅以L形和I形空间形态。

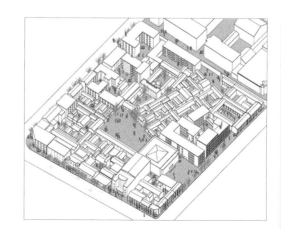

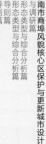

## 6.5　街巷径的天际线

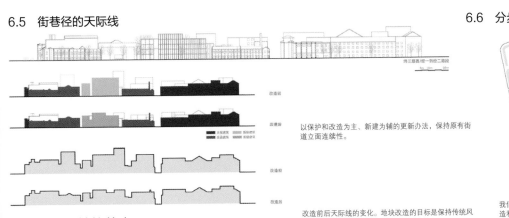

以保护和改造为主、新建为辅的更新办法，保持原有街道立面连续性。

改造前后天际线的变化。地块改造的目标是保持传统风貌，不适宜有较大的突兀之处。

## 6.6　分步实施的原则

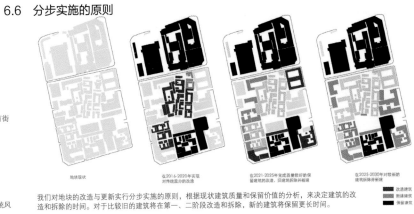

我们对地块的改造与更新实行分步实施的原则，根据现状建筑质量和保留价值的分析，来决定建筑的改造和拆除的时间。对于比较旧的建筑将在第一、二阶段改造和拆除，新的建筑将保留更长时间。

# 第七部分　地块故事

## 7.1　火车故事，商埠之窗

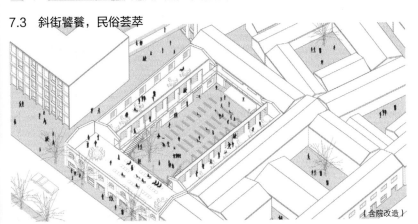

## 7.2　北洋旧场，曲艺新园

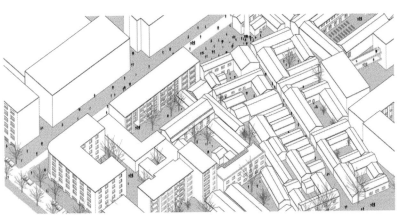

## 7.3　斜街饕餮，民俗荟萃

（合院改造）

北方工业大学

7.4 六合顺巷，生活之乐

7.5 万紫千红，集市之美

7.6 融汇古今，商埠新区

7.7 商埠客厅，兰亭书库

7.8 中西合璧，文化教堂

# 第八部分　愿景与步骤篇

## 8.1　新综合体与博物馆区

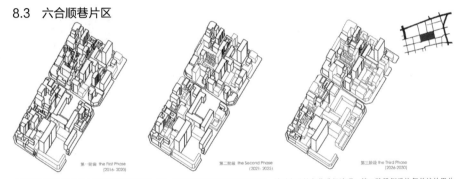

第一阶段 the First Phase (2016-2020)　　第二阶段 the Second Phase (2021-2025)　　第三阶段 the Third Phase (2026-2030)

邻接经一路和大纬二路的地块与三角洲一起，成为设计中的窗口地块。基于对建筑质量和建筑年限，以及未来开发目标的综合评估，在第一阶段中首先从三角洲开发入手，基于基地中已有的领事馆旧址，打造出面向未来的商埠博物馆区，并着眼于现状中的老旧住区，不断开发出新型的住宅模式；第二阶段中，逐渐建成完善的住宅小区系统，并依据拓扑关系，在升平街北端开发新型的商业综合体，打造升平街的新面貌；第三阶段，逐渐加大建设力度，不断完善商业文化综合体、博物馆与开放式小区之间的关系，整体提升街区空间品质的同时，完成从大尺度站前城市向亲切平易的小尺度街区的过渡。

## 8.2　万紫巷片区

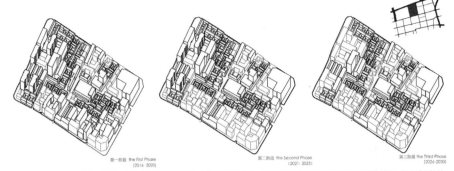

第一阶段 the First Phase (2016-2020)　　第二阶段 the Second Phase (2021-2025)　　第三阶段 the Third Phase (2026-2030)

万紫巷分期开发的第一阶段以修补、改造、缝合现有建筑区域内的残损建筑为主，并相应地提高公共空间品质；第二阶段，拆迁一部分质量较差、接近建筑开发使用年限的房屋，并以组团的形式开发现代社区；第三阶段，局部调整和提升空间品质，整理巷径空间并进一步完善社区空间的开发和建设。

## 8.3　六合顺巷片区

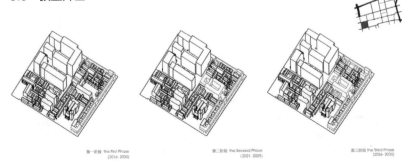

第一阶段 the First Phase (2016-2020)　　第二阶段 the Second Phase (2021-2025)　　第三阶段 the Third Phase (2026-2030)

六和顺巷片区以特色的六条巷子连接经二路，第一阶段以修复和整理巷空间为主，并对杂乱的角落进行清理；第二阶段侧重恢复传统的里分空间；第三阶段逐渐打造出以文化休闲为主的商业步行街体系。

## 8.4　中山公园片区

第一阶段 the First Phase (2016-2020)　　第二阶段 the Second Phase (2021-2025)　　第三阶段 the Third Phase (2026-2030)

中山公园是一个典型的内向型中式园林，在原有的规划中被自然地划分为三个区域。最终的方案区别于中期的完全开放式景观设计，选择了尊重市民生活习惯与审美需求的偏内向式格局。通过周边的建筑补充了其缺乏的文化娱乐饮食业态，完善了沿街立面。底层的局部架空实现了街道立面的透明性，使得人们可以从各个角度与公园内部景观保持视线和路径上的联系。交通轴线上，控制东西向与教堂区和融汇区的联系，南北方向上保持与纬路的连续性，形成各向通达却又符合中国传统园林精神的面向未来的园林空间。第一阶段从南面出发打造经四路上延续广场的公园空间，并辅之以西洋风建筑的改造；第二阶段，东北角的住宅区根据年限的情况重新设计成业态相互关联的图书馆综合区；第三阶段，西南角的社区活动中逐步建立起来，形成完整的市民公园生活。

## 8.5　教堂片区

第一阶段 the First Phase (2016-2020)　　第二阶段 the Second Phase (2021-2025)　　第三阶段 the Third Phase (2026-2030)

中西合璧的小教堂区在第一阶段以修复改造沿街店面为主，将其改造为柱廊的形式，与中山公园一起形成视觉通廊，并形成半开放的小广场空间；在第二阶段，逐渐修复改造原有的小学校空间并相应开发配套的公共空间，与同一轴线上的小教堂形成呼应；在第三阶段，完成小空间的互相缝合，形成相对完整的空间肌理。

## 模型照片

北方工业大学

# （一）开题篇——济南站

## 1.1 方案设计

## 1.2 小结启示

通过在济南为期一周的前期调研、分析研究和前期汇报，我们经历了从懵懂陌生到逐渐了解济南商埠区、了解城市设计的过程。

调研过程中，走街串巷，看似有意无意地东张西望、喃喃自语，指点"江山"，如今想来都是我们切身实地接触城市设计的美好开端，汇报过程中，各位老师的精彩点评于我们而言如同一场激烈的头脑风暴，犀利地指出我们存在的问题：关于城市空间设计的轴线是否有理有据，还是纯粹是个人化倾向的产物；对于当地业态的理解……各位老师从不同的角度给了我们不同的启发，并带着这样的思考进入下一阶段的设计。

## 1.3 方案畅想

通过前期调研，在快速熟悉场地的过程中加深对商埠区城市肌理的理解，通过实地观测记录和对话问询等方式，发现商埠区内存在的公共空间、交通等问题。

## 1.4 补充调研

重返场地，没有了第一次的陌生感，带着总结出来的问题与关注点，漫步于经纬交错绿荫下，倘徉于里分小巷中，驻足于中西各式房屋前，按照街径分区和网格路径分片区进行详细的调研。

# （二）中期篇——呼和浩特站

## 2.1 二草方案

## 2.2 中期纪实

我们在充满工业风的内蒙古工业大学系馆中进行中期汇报，再次见到各校伙伴和老师更觉亲切。大家交流彼此的想法和切入点，思维碰撞间，理解也更加深入。

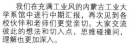

## 2.3 小结启示

根据上位规划，结合现场调研，如何通过城市设计的方式，赋予商埠区一个独特的开发定位，为生活在此地的居民、外来的游客，创造个彼此交融而独特的城市空间成为我们中期阶段一直思考的问题。

如果说商埠区中散落其间的一个个中西合璧的老房子是济南市自开埠以来的一个个记忆博物馆，那么从城市的角度看，商埠区就是济南市历史发展过程中的回忆故事区。我们想：是否可以在这样一个历史丰厚的地块内，以冲突、融合的手法，缝合成一个特色的商埠博物馆故事区。

## 2.4 中期模型制作与展示

通过1:2000、1:200，由小到大比例模型的制作，我们经历了从城市体块关系推敲到局部小范围内的空间推导，从宏观到中观再到微观，一步步落实。

## 2.5 二次调研

中期汇报结束后，我们返校进行再梳理，发现存在很多场地理解不足的问题。说走就走，国庆假期结束一周后，10月14日～16日，我们重返济南，开始了第二次调研，为最终的方案设计提供了较为完善的第一手资料。

## 过程感想

## （三）终期篇——北京站

### 3.1 方案设计

　　终期方案设计以导则研究的方式进行，通过结合调研的由宏观到具体的城市形态分析、建筑类型分析，总结归纳并与新的设计规划思路结合，形成经纬导则、地块模式导则和整体设计导则，并将这三个导则引入直接参与中期提出的"八画"故事区的城市设计具体操作中。提出了分三阶段设计开发的城市更新改造策略。

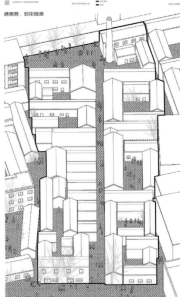

### 3.2 模型制作

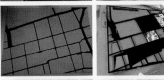

　　基于对老商埠区色彩的感知和分析，我们在众多材料中选择了暖色系列的厚度为2.5mm亚克力板，整体代表过去老商埠区给我们留下的历史感受。选择砖红色代表分散在区域内的文保建筑，橙红色为保留建筑，暖黄色为改造整理建筑，白色为新嵌入建筑，周边建筑选择透明白色亚克力作烘托，我们戏称为"西红柿炒鸡蛋"配色。

### 3.3 方案汇报

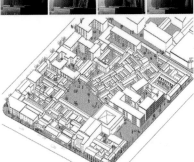

### 3.4 模型展示

## （四）感想篇——我们的故事

　　四校联合设计从开题到终期汇报结束只有短短两个半月，我们却真真实实地经历了一场丰富的城市设计学习之旅。对于这样一个全新的命题，从济南站的懵懂初探，到内蒙古站的逐渐了解，再到最后北京站的小试牛刀，我们在学习中不断成长，在各兄弟学校的切磋中拓宽思路，在一次次尝试、思考中寻求对场地适宜的回应和解答。其中有挫折、有汗水，但更多的是合作的欢乐愉快。我想在这样的一段时间里，我们都做到了真诚地去面对商埠区，面对彼此，面对我们心中的美好蓝图。城市，让生活更美好。

孙艺畅
爱好：
听音乐　看电影
晒太阳　在路上

　　四校联合设计，以一个清晰的逻辑和明确的框架，引导我们用合理的方式对城市设计进行初步的探究，同时为建筑设计的方式打开了新的窗口，让我们从一个新的角度观察问题和梳理逻辑。在这次活动中，可以看到四个不同学校之间的差异，使得我们更好地取长补短，正视自己。期间各学校的老师和同学们在一起交流和探索，亲如一校。虽然联合设计活动已经结束，但是我才刚刚开始，一切都是崭新的，一切都值得期许。

苗菁
爱好：了解一切未知，
尝试各种兴趣。

　　本次课题让我真正接触到了城市设计，从刚开始摸不着头脑到后来懵懵懂懂，怀着那份对城市强烈的好奇心，不断探索城市，索求其中的规律。如今，看待一个建筑，已经不再单纯地拘泥于造型，而是更多地去考虑它与周边的关系。通过这次联合设计，我感受到各个兄弟院校的同学们都很强，获益匪浅；同时也发现了自己种种的不足。这段时间里，我们在这济南老商埠区的经纬网格中留下了身影和汗水，同时也留下了我们的欢声和笑语。

管程
爱好：音乐 电影 摄影
旅行 网球 滑轮

　　"你本来想养一头猪，但最后却养成了一头牛，不管最后的结果怎么样，也不影响它的价值，最关键的是在这个过程中学会一种自己的方法。"我觉得城市设计亦是如此，同样的地块，同样的时间阶段，不一样的同学最终设计的成果多种多样。整个过程中我们不仅在学习每组同学的方案成果，加深对城市设计的理解，更是在学习设计的切入点和对城市设计的"套路"。两个月，有高兴，有痛苦，有欢声笑语，有精疲力竭，但这段学习经历弥足珍贵。

李民
爱好：书法 电影 音乐
旅行 绘画 游戏

　　参加四校联合设计对我来说是一种偶然，更是一种荣幸，每一次的汇报都获益匪浅，每一次的调研都增长见识。我觉得最幸运的是能切身接触到在不同城市里同样刻苦学习建筑学的同学和老师们，就像遇到了"家乡人"一般，一见如故，交到朋友的同时也学到了不少知识，这是平时的学习体会不到的。半个学期里，有苦有累，但也有很多开心的事，从陌生到熟悉的人和事，将成为我未来学习生活中弥足珍贵的精神宝藏。

黄俊凯
爱好：绘画 玩游戏
睡觉 看电影

过程感想

## 北方工业大学建筑与艺术学院院长：贾东

2016 年北方四校建筑学专业联合城市设计，可以用四个"好"来概括。

第一，题目出得好。

济南老商埠区的研究，由来已久而活力持续，其意义随着时间不但没有模糊，而且越来越彰显其丰富的内涵。以山东建筑大学任震、陈兴涛、高晓明老师等为主的出题小组确定了这样一个题目，准备了大量的前期资料，筹划了踏实有效的调研线路。这样一个好的开端，就预示着一个好的过程。

第二，中间过程好。

中间评图安排在呼和浩特，内蒙古工业大学的杨春虹、郝占国等老师和同学们，做了很多细致的工作。四个学校的老师和同学都很投入，两个评图现场，既有欢声笑语，更有认真研讨。朔风乍起，北国渐寒，但老师和同学在蓝天白云下，心里暖洋洋的。

第三，学习成果好。

我在 2016 年 11 月 11 日早晨 7 点 52 分，在微信朋友圈里写道：

2016 年 11 月 11 日凌晨 3 点，五个参与四校联合设计的孩子们把十几张这样的图发到我的微信，令人振奋！明天，也就是 11 月 12 日星期六上午 8 点开始，北方四校建筑学专业四年级联合城市设计——济南经纬商埠专题在北方工业大学浩学楼东 501、东 502 举行最终评图。

所谓"这样的图"，是一张又一张零号的大图。而这样的大图，四校联合设计的每一组同学都做出很多，都做得很结实、有内涵、有逻辑，提出问题、分析问题、解决问题，很有城市设计的章法。特别是烟台大学的同学，在高宏波等青年老师的带领下，其成果令我叹服。

第四，平台建设好。

北方四校联合设计是四所大学（北方工业大学、山东建筑大学、内蒙古工业大学、烟台大学）老师与同学齐心协力建立的一种有效的教学模式，是资源共享、踏实教学、共同提高的专业开放平台。四校的老师们都倾注了大量心血，在教学交流过程中，因志同而道合。

2016 最终评图之后，四校的老师们开玩笑说，孩子们已经开始学会城市设计的套路了。学到东西，留下因缘，不正是我们四校联合设计的目的吗？作为老师，我们共同致力于斯而兴奋于斯。

至于与赵继龙教授、仝晖教授的大明湖畔雾夜谈题、与贾晓浒老师、贾志林老师的"三地""三贾"齐聚之佳话，则是更令我难忘的友谊收获。

衷心地感谢大家，并期待下一次北方四校联合设计的到来。

## 北方工业大学指导教师：卜德清

"北方四校"是一所学校，是一所大的学校。

北方四校联合教学模式给建筑设计教学带来诸多好处：共建平台，共享资源，相互竞争，携手进步。

### 1. 倡导联合，共建平台

四个学校的四位院长因志同道合而倡导、发起了四校联合教学，推动了建筑学教学的发展，功在今日，利在明朝。四校联动，同心协力地搭建了公共平台，拉通教学体系，实现共享资源，携手提高、建立"轮值"+"巡回"制度，扬帆起航！

### 2. 校际交流，资源共享

这是校际之间教师与学生的交流。对教师而言，不同学校的教学各有特长，联合教学模式突破学校内部故步自封的格局，打通校际交流渠道，实现了校际之间不同特色的教学之间的交流，四校教师同步提高。教师教学水平整体提升是每个学校内在实力的增强。对学生而言，能在一个更宽广的平台上学习，获得更开阔的视野，受到来自不同学校教师的指导、批评和建议，这种影响也许会是深远的。同时，学生可以接触到其他学校同学们的学习方法，学生之间相互交流、促进学习，同时还收获了来自异校同学的友谊。

### 3. 激发斗志，挖掘潜力，提高教学质量

联合教学模式的魔力是使各学校之间产生了一股竞争向上的力量。从本质上讲联合教学模式是一种竞争的架构。竞争可以激发人的斗志，挖掘人的潜能。联合教学像一场课堂上的比武大会，各路英豪使尽浑身解数，各显神通。在充分调动了师生的能动性的同时，较好地实现了教学的观摩交流。大家博采众长，拓宽知识广度，加深思考深度，教学质量明显提高。

四校联合教学推动了建筑学专业的教学发展。

### 4. 结语：收获颇丰

每一次交流都是一次进步，每一次联合都有所收获，每一次分享都加深我们的友谊，四校是一家。